早粥　午飯　晚煲湯

「早粥午飯晚煲湯」是廣東人的飲食文化，更是符合養生理念的傳統。早餐吃粥清腸暖胃，讓人有清爽的精神，開始工作；午餐吃飯，增加一天的體力；晚飯則是先喝碗湯有些許飽足感後再少食，不致因吃得太多而睡不好。

學會了正確的煲仔粥跟煲仔飯的基本功後，無論用的材料是昂貴還是廉價，只要您發揮食材的創意，都能做出美味佳餚。我這次選用的多屬於可以增香味的食材，因為我認為這些食材最能將一粥一飯做出最美麗的呈現，在打開鍋蓋的一刹那，能聞到的是令人感動的香味，那是多美好的事呀！

煲鍋好喝的湯其實也很容易，只要掌握了材料和火候，大家都能為心愛的人，端上一碗美味的湯水。煲湯的材料大都選用比較老韌堅硬的肉類，一般都選用老鴨、老鴿跟土雞，因為烹調的時間長，若是選用嫩鴨嫩雞，經過 3 小時的燉煮，肉都散了。

肉類跟骨頭在煲湯、燉湯前都需要用熱水燙去血水與髒汙，否則煲出來的湯就不清了。選用的蔬菜、瓜、筍類也都切成大塊，這樣在經過長時間煲煮，纖維才能軟化。

廣東人也喜歡把中藥入湯煲煮，這樣除了調理腸胃、養顏美容外，也可達到食療的功效。最後更要注意的是：煲湯跟燉湯是不能先下鹽的，因為鹽會影響食材熟與爛的時間，一定要等食材熟了起鍋時再調味。

希望透過這本食譜，能讓您深入了解廣東人的飲食生活，也能享受他們的美味。

作者簡介

英國愛爾蘭大學服務管理博士。
熱愛美食與海洋，
擅於結合美的事物，藝貫中西。
進入廚藝界之前，是香港知名導演。
後因為喜愛美食，到澳門魚翅餐廳學藝，
從此進入廚藝界。
現服務於台北遠東國際大飯店。

經歷 Experience

· 法國藍帶美食會駐台灣區副主席
· 法國名廚藝術協會駐台灣區副主席
· 法國美食會高級會員
· 法國美食會金星會員
· 法國美食會高級廚師
· 法國紅酒協會紅酒專員

目錄 CONTENTS

煲仔飯
CLAYPOT RICE

───── CHAPTER. 02 ─────

煲湯類
CLAYPOT RICE

滾·煮·燉湯類
CLAYPOT RICE

-------- CHAPTER. 04 --------

CHAPTER

01

·

粥品

認識粥

Know the Congee

粥是一種做法簡單的食品，任何人都能做得很好。同時，粥較容易消化，不會增加胃部負擔，而且又有營養價值。

粥可以大略分類為三種：

① 甜粥 — 富有甜味的粥。

② 白粥 — 純粹用米煮成。

③ 鹹粥 — 富有鹹味的粥。

甜粥大部分是用穀物或豆類加糖煮成的，種類雖比鹹粥為少，但也是中國粥的一大特色。此外，粥還能分為葷粥（加魚或肉做的粥），和齋粥（以素菜所做的粥）二種。

白粥大部分當作早餐或宵夜，加上其他菜餚配著吃，例如坊間經常看見的清粥小菜；鹹粥是在粥裡加入其他材料做成的粥，可作為一種簡單的飲食或點心，主要以廣東省的煲仔粥為代表。

廣東煲仔粥，是用一人份小砂鍋來煮廣東白粥，待白粥煮滾後，加入肉類或海鮮食材，使粥與水的黏性封住材料的鮮美，粥底也同時吸收食材的湯汁鮮味，粥軟料鮮，加上砂鍋保留食物香氣，一開鍋聞香後隨即引發食慾，尤其寒冷冬天，食用起來倍感幸福。

做好粥的關鍵

◆ 米

粥的主要材料是米。米的種類有兩種，一種米粒粗而短、富有黏性的日本型米；另一種是米粒細長、黏度較小的印度型米，中國的米大都屬於後者。雖然米的品質儘管有差異，但是煮成粥後大都沒有什麼差別。

米必須在煮粥的三、四個小時前洗好，瀝乾水分放置。剛洗過的米不易吸收水分，煮的時間比較長，煮熟以後也比較硬。洗米時的方法與平常一樣，米必須充分洗淨，

煮好的粥才不會有渣渣和異味，米粒也不容易變形。如果想使米早點熟，可以將米放在水裡浸泡片刻。

◆ 鍋子

　　煮粥的鍋子只要鍋底不太淺，厚度稍微大一點就可以了。如果要在家裡做，量少時使用陶鍋最適合，量多時就用較寬的鍋子。鐵鍋會產生鐵繡，煮出的稀飯恐怕會變成黑褐色，應避免使用。或是使用生鐵鍋。

◆ 碗

　　盛粥的碗，最好是用稍大一點的瓷碗，一般的粥店是使用闊口的麵碗，如果是筵席中，最好能用湯碗式的小碗。粥雖然不會因為碗而改變味道，可是碗能夠改變吃粥時的氣氛，稍微講究一點就能營造好氣氛。

關於廣東白粥

　　影響白粥味道的，主要是水量和煮的方法。例如廣東的白粥比較稀淡、上海的白粥比較濃稠；廣東的白粥完全煮爛，看不到米粒，但是上海的白粥米粒均保持原形。這種差異可能是米質與氣候造成的，如果當地生產的米品質極佳，做粥時當然要儘量發揮米的味道，但如果是高溫潮濕的地區，清淡的粥就較易入口，此外也要考慮飲食的習慣及嗜好。

廣
東
白
粥
做
法

◆ **材料** INGREDIENTS

① 白米 ⋯⋯⋯⋯⋯ 1 量杯
② 腐竹 ⋯⋯⋯⋯⋯ 2 張
③ 白果 ⋯⋯⋯⋯ 20 公克
④ 水 ⋯⋯⋯⋯⋯ 10 量杯

◆ **步驟** STEP BY STEP

01　將白米 1 量杯洗淨。

02　腐竹 2 張，泡水備用；白果 20 公克，洗淨拍碎。

03　將 10 量杯水燒開，加入白米、腐竹、白果，以中小火煮 1 小時即可。

三蛋粥

鹽巴漬鴨蛋（鹹蛋），和皮蛋稍有不同。裡面也是生蛋狀，整體富有一種香味，也是粥品不可或缺的材料之一。能作為烹調材料使用，鮮豔的橙色蛋黃可作為月餅的餡。

吃的時候可依個人喜好切成各種形狀，一般都是連殼一起切好上桌。

蛋、肉類
EGG, MEAT

① 廣東白粥 .... 150 公克
② 皮蛋 .... 1 顆
③ 鹹蛋 .... 1 顆
④ 雞蛋 .... 1 顆

調味料 Seasoning

⑤ 鹽巴 .... 適量

01　廣東白粥做法請參照 P.11。

02　皮蛋去殼，一開四片；熟鹹蛋去殼，一開四片；取出
　　雞蛋的蛋黃備用。

03　白粥煮滾後，加入鹹蛋煮 3 分鐘。

04　加皮蛋煮 10 分鐘。

05　最後，加入鹽巴調味，並在粥表面放上蛋黃，即可享
　　用。

豬血粥

　　此又名為豬紅粥，豬血是宰豬時收集下的血液，加鹽巴使其凝固，以柔軟的塊狀出售，價格便宜，是一項重要的營養來源。據本草書籍記載，豬血有解毒的效能，現代人若食用，可解除因空氣污染而吸入體內的塵埃。

蛋、肉類
EGG, MEAT

① 廣東白粥 .... 150 公克
② 豬血 .... 100 公克
③ 蔥 .... 1 根
④ 薑 .... 1 小塊

調味料 Seasoning

⑤ 胡椒粉 .... 適量
⑥ 鹽巴 .... 適量

01 廣東白粥做法請參照 P.11。

02 蔥洗淨切蔥花;薑切絲。

03 用菜刀將豬血表面髒污的部分去除後,再切成小方塊。

04 將豬血塊放入熱水中川燙約 3 分鐘左右,撈起後泡在冷水中,接著瀝乾水分。

05 白粥煮滾,放入豬血塊、薑絲,滾 10 分鐘。

06 加入適量鹽巴、胡椒粉調味後,撒上蔥花,即可享用。

豬腰粥

中國菜裡面使用到的肉，七～八成都是豬肉。而且，豬的任何部位都可以使用，有些人喜歡吃內臟，除了喜愛那種味道之外，另一方面也是看重內臟的營養成分。這種觀念根源於民間食補——醫食同源，因此，豬肉的價值非常的高。

將內臟類切成容易吃的薄片，在粥底將熟時放入，待內臟熟後即可享用。

蛋、肉類
EGG, MEAT

① 廣東白粥 ⋯⋯⋯⋯ 150 公克
② 豬腰 ⋯⋯⋯⋯⋯ 1 副
③ 薑 ⋯⋯⋯⋯⋯⋯ 1 小塊
④ 蔥 ⋯⋯⋯⋯⋯⋯ 1 根

醃料 Marinade

⑤ 太白粉 ⋯⋯⋯⋯ 1/2 茶匙
⑥ 油 ⋯⋯⋯⋯⋯⋯ 1/2 茶匙
⑦ 醬油 ⋯⋯⋯⋯⋯ 1/2 茶匙
⑧ 料理酒 ⋯⋯⋯⋯ 1/2 茶匙

調味料 Seasoning

⑨ 胡椒粉 ⋯⋯⋯⋯ 適量
⑩ 鹽巴 ⋯⋯⋯⋯⋯ 適量

01 廣東白粥做法請參照 P.11。

02 薑切片;蔥洗淨切段。

03 豬腰切開,取筋、洗淨、切成厚片,加入醃料,醃 20 分鐘。

04 白粥煮滾後,加入所有材料煮 5 分鐘。

05 加上少許鹽巴、胡椒粉調味,即可享用。

> TIPS

⇨ 熟豬腰作法

　　豬腰買回來後,要挑去白筋,否則會有腥味。然後要浸水,若要豬腰爽口,可用 1 茶匙白醋,浸泡 10 分鐘,再用清水將醋洗淨後,用太白粉醃拌,豬腰會更爽口。

豬肝粥

　　肝臟含有多種維生素 A、B1、B2 和礦物質，能夠消除疲勞，尤其適合患有貧血症的人食用。

　　豬肝可直接使用，或放在冷水中泡 10 ～ 15 分鐘，去除血液，切成薄片後使用。如果怕有腥味，可把豬肝置於加蔥和薑的熱水中煮約 5 分鐘，粥底將煮熟前，再將豬肝放入，煮到豬肝熟後即完成，也可使用雞肝來做。

① 廣東白粥 ⋯⋯⋯⋯⋯ 150 公克

② 豬肝 ⋯⋯⋯⋯⋯⋯ 100 公克

③ 薑 ⋯⋯⋯⋯⋯⋯⋯ 1 小塊

④ 蔥 ⋯⋯⋯⋯⋯⋯⋯ 1 根

醃料 Marinade

⑤ 太白粉 ⋯⋯⋯⋯⋯ 1/2 茶匙

⑥ 油 ⋯⋯⋯⋯⋯⋯⋯ 1/2 茶匙

⑦ 醬油 ⋯⋯⋯⋯⋯⋯ 1/2 茶匙

調味料 Seasoning

⑧ 胡椒粉 ⋯⋯⋯⋯⋯ 適量

⑨ 鹽巴 ⋯⋯⋯⋯⋯⋯ 適量

01　廣東白粥做法請參照 P.11。

02　薑切絲；蔥洗淨切蔥花。

03　豬肝洗淨、切片，加入醃料，醃 10 分鐘。

04　白粥煮滾後，加入豬肝片、薑絲煮 5 分鐘。

05　加上少許鹽巴、胡椒粉調味，最後撒上蔥花裝飾，即可享用。

爽滑腰肝粥

使用內臟煮粥，如果煮得過熟，會變硬，味道也較差，必須注意。如果帶有血液，必須事先做好適當的處理。

胃腸消化不好者，吃粥時，不宜吃得太稀，米粒若未糊化，可煮到軟滑濃稠，細嚼後再吞，這樣就可以和唾液中的澱粉酶完全作用，易助消化。

蛋、肉類
EGG, MEAT

① 廣東白粥 .... 150 公克
② 豬腰 .... 1 副
③ 豬肝 .... 50 公克
④ 薑 .... 1 小塊
⑤ 蔥 .... 1 根

調味料 Seasoning

⑩ 胡椒粉 .... 適量
⑪ 鹽巴 .... 適量

醃料 Marinade

⑥ 太白粉 .... 1/2 茶匙
⑦ 油 .... 1/2 茶匙
⑧ 薑汁 .... 1/2 茶匙
⑨ 料理酒 .... 1/2 茶匙

步驟 STEP BY STEP

01 廣東白粥做法請參照 P.11。

02 薑切絲；蔥洗淨切蔥花。

03 豬腰切開，取筋、洗淨、切厚片；豬肝切厚片，兩者加入醃料，醃 15 分鐘。

04 白粥煮滾後，加入豬腰片、豬肝片、薑絲煮 5 分鐘。

05 加上少許鹽巴、胡椒粉調味。

06 最後撒上蔥花裝飾，即可享用。

百果豬肚粥

豬肚能使消化吸收功能運作正常、組織獲得充分而均衡的養分,對各年齡層婦女的發育、養生都有保健作用。

蛋、肉類
EGG, MEAT

① 廣東白粥 .... 150 公克
② 熟豬肚 .... 120 公克
③ 百果 .... 30 公克
④ 薑 .... 1 小塊
⑤ 蔥 .... 1 根

調味料 Seasoning

⑥ 胡椒粉 .... 適量
⑦ 鹽巴 .... 適量

01 廣東白粥做法請參照 P.11。

02 薑切片；蔥洗淨切段。

03 熟豬肚切成條狀；百果拍碎。

04 白粥加入豬肚條、百果碎、薑片煮 10 分鐘。

05 加入蔥段，撒上少許胡椒粉、鹽巴調味，即可享用。

TIPS

⇨ 熟豬肚料理法

　　料理豬肚時，要先剪去外面的白油脂，翻出內面以小刀刮去污物並加以沖洗。豬肚內面沖洗後加麵粉 1/4 杯、油 1 大匙予以揉、抓、搓、洗，沖洗後再用麵粉、油揉洗一次，沖淨。燒開 1 鍋水，放下洗淨的豬肚煮熟，便可煮可炒了。

淡菜花生豬骨粥

蛋、肉類
EGG, MEAT

淡菜是生活在淺海岩石上的一種軟體蚌類，屬海產。淡菜為貽貝的肉，味甘美而清淡，性溫而不燥，為滋補佳品，菜中佳餚。淡菜含蛋白質、脂肪、碳水化合物、鈣、磷、鐵、核黃素、尼克酸及碘，可補肝腎，益精血。

中文裡這種非菜叫做菜、非魚叫做魚的情形不少。大家去餐廳會看「菜單」，可能百分之九十是各類雞鴨魚肉，青菜類所佔比例較少，但我們卻稱為「菜」單，而不說「肉」單；大家吃的墨魚、魷魚、八角魚⋯⋯其實都不是魚呢！所以中文的「菜」有菜餚、餚饌的意思；「魚類」則有時泛指水產了。「淡菜」，所以稱其「淡菜」，「淡」當然是指不鹹，「菜」應是指它是佳美的餚饌。

① 廣東白粥 .... 150 公克
② 淡菜 60 公克
③ 生花生 30 公克
④ 豬骨 60 公克
⑤ 薑 1 小塊
⑥ 蔥 1 根

調味料 Seasoning

⑦ 胡椒粉 .... 適量
⑧ 鹽巴 .... 適量

01 廣東白粥做法請參照 P.11。

02 薑切絲;蔥洗淨切蔥花。

03 淡菜洗淨,生花生泡水 1 小時;豬骨洗淨,用熱水以大火煮去血水後,再以冷水沖洗乾淨備用。

04 白粥連同所有材料煮 1 小時。

05 加入少許鹽巴、胡椒粉調味。

06 最後,撒上蔥花裝飾,即可享用。

皮蛋瘦肉粥

蛋、肉類
EGG, MEAT

皮蛋與鹽巴漬豬肉做成的粥，是由事先稍微以鹽巴漬過的豬肉和皮蛋，同時和米一起煮，使材料的味道融入粥中，成為一道風味獨特的粥，是代表性的廣東粥之一。

皮蛋據說能促使米變軟、早熟，早期皮蛋製作是鴨蛋用混合鹽巴、石灰、酒的泥土及稻穀密封起來，使其發生化學變化而製成的。皮蛋由於蛋白呈透明的褐色，能看到松花的圖案，所以又被叫做松花蛋。吃的時候必須去掉表面的泥土，洗淨後剝殼，切成半月形。現在的皮蛋，由於裹在表面的泥土摻了藥，所以會有阿摩尼亞的味道，必須放置一會，使味道自然消失。吃時撒少量的蔥或薑絲，淋少許醬油和香油，配上肉鬆，味道棒極了。

① 廣東白粥 .... 150 公克
② 皮蛋 .... 1 顆
③ 豬柳肉 .... 80 公克
④ 薑 .... 1 小塊
⑤ 蔥 .... 1 根

醃料 Marinade

⑥ 太白粉 .... 1/2 茶匙
⑦ 油 .... 1/2 茶匙
⑧ 醬油 .... 1/2 茶匙

調味料 Seasoning

⑨ 胡椒粉 .... 適量
⑩ 鹽巴 .... 適量

01 廣東白粥做法請參照 P.11。

02 薑切絲；蔥洗淨切蔥花。

03 皮蛋去殼，一開八片；豬柳肉切薄片，加入醃料，醃 20 分鐘。

04 白粥煮滾後，加入皮蛋煮 5 分鐘。

05 加入薑絲、肉片煮 5 分鐘。

06 加入少許鹽巴、胡椒粉調味。

07 最後，撒上蔥花裝飾，即可享用。

爽脆肉丸粥

蛋、肉類
EGG, MEAT

肉丸的分量多，容易飽，是人人歡迎的煮粥材料。

所謂肉丸是指豬絞肉所做的丸子，不過也可用牛肉、雞肉或魚貝類做成。將絞肉與醃料混合，用力拍打，至產生黏性，再視個人喜好加些薑末或蔥末，將作好的絞肉搓揉成大丸子狀，在粥底將熟時放入，丸子熟後即完成，可依個人喜好淋香油，配合蔥花、薑絲或香菜享用。

① 廣東白粥 ⋯⋯⋯⋯ 150 公克
② 豬絞肉 ⋯⋯⋯⋯ 80 公克
③ 薑 ⋯⋯⋯⋯ 1 小塊
④ 蔥 ⋯⋯⋯⋯ 1 根

調味料 Seasoning

⑩ 胡椒粉 ⋯⋯⋯⋯ 適量
⑪ 鹽巴 ⋯⋯⋯⋯ 適量

醃料 Marinade

⑤ 太白粉 ⋯⋯⋯⋯ 1/2 茶匙
⑥ 油 ⋯⋯⋯⋯ 1/2 茶匙
⑦ 料理酒 ⋯⋯⋯⋯ 1/2 茶匙
⑧ 糖 ⋯⋯⋯⋯ 1/2 茶匙
⑨ 醬油 ⋯⋯⋯⋯ 1/2 茶匙

01　廣東白粥做法請參照 P.11。

02　薑切片；蔥洗淨切蔥花。

03　豬絞肉加入醃料拌好後，醃 20 分鐘，再拍打數十下，做成大肉丸子狀備用。

04　白粥煮滾後，加入肉丸、薑片煮 10 分鐘。

05　加入少許鹽巴、胡椒粉調味。

06　最後，撒上蔥花裝飾，即可享用。

窩蛋牛肉粥

蛋、肉類
EGG, MEAT

　　雞蛋和牛肉，含有很豐富的營養，能提供小孩發育時所需要的養分，這款窩蛋牛肉粥，既易入口，又美味，實為大人、小朋友的最佳食品。

　　牛肉薄片入滾熱的粥中燙熟時要注意，牛肉煮得過熟或不夠熟都不好吃，所以必須控制好牛肉在鍋中的時間。另外一種作法為將牛肉用油炒過，置於碗裡，再澆上熱粥。

① 廣東白粥 .... 150 公克
② 牛肉 .... 100 公克
③ 薑 .... 1 小塊
④ 蔥 .... 1 根
⑤ 蛋黃 .... 1 顆

醃料 Marinade

⑥ 太白粉 .... 1/2 茶匙
⑦ 蛋黃 .... 1 顆

⑧ 油 .... 1/2 茶匙

調味料 Seasoning

⑨ 胡椒粉 .... 適量
⑩ 鹽巴 .... 適量

01　廣東白粥做法請參照 P.11。

02　牛肉切薄片後，加入醃料，醃 20 分鐘備用。

03　薑切絲；蔥洗淨切蔥花。

04　白粥煮滾後，加入牛肉片、薑絲煮 2 分鐘。

05　加入少許鹽巴、胡椒粉調味。

06　最後，在粥上放上蛋黃，並撒上蔥花裝飾，即可享用。

雞腰豬肝粥

　　說到雞肝，讀者不要驚訝，從前許多人家拿雞肝來餵家養的貓狗，我家以前也是。但因此接觸了從前不敢吃的雞肝，慢慢的，自己也愛上了這樣的食物，也算是誤打誤撞。雞肝原料簡單廉價，不僅與肉無以相比，就連豬肝也比它貴上幾倍。可是雞肝比豬肝來得細膩，腥味較淡，且容易入味。雞肝富含維生素 A、維生素 B1、維生素 B2、尼克酸、維生素 C、蛋白質、脂肪、糖類、鈣、磷、鐵等成分，有補肝益腎等功效。

① 廣東白粥 ⋯⋯⋯⋯ 150 公克
② 豬肝 ⋯⋯⋯⋯⋯⋯ 60 公克
③ 雞腰 ⋯⋯⋯⋯⋯⋯ 60 公克
④ 薑 ⋯⋯⋯⋯⋯⋯⋯ 1 小塊
⑤ 蔥 ⋯⋯⋯⋯⋯⋯⋯ 1 根

醃料 Marinade

⑥ 太白粉 ⋯⋯⋯⋯⋯ 1/2 茶匙
⑦ 油 ⋯⋯⋯⋯⋯⋯⋯ 1/2 茶匙
⑧ 料理酒 ⋯⋯⋯⋯⋯ 1/2 茶匙
⑨ 醬油 ⋯⋯⋯⋯⋯⋯ 1/2 茶匙
⑩ 糖 ⋯⋯⋯⋯⋯⋯⋯ 少許

調味料 Seasoning

⑪ 胡椒粉 ⋯⋯⋯⋯⋯ 適量
⑫ 鹽巴 ⋯⋯⋯⋯⋯⋯ 適量

01 廣東白粥做法請參照 P.11。

02 豬肝、雞腰洗淨切片後,兩者加入醃料,醃 15 分鐘備用。

03 薑切絲;蔥洗淨切段。

04 白粥煮滾後,加入雞腰片煮 5 分鐘。

05 加入薑絲、蔥段、豬肝片煮 5 分鐘。

06 最後,加入鹽巴、胡椒粉調味,即可享用。

切雞粥

廣東、廣西人愛吃雞，有「無雞不成宴」之說。
廣西人對雞最普遍且最喜愛的吃法就是白切雞，以製
作簡易、剛熟不爛、不加配料、保持原味為特點。

蛋、肉類
EGG, MEAT

① 廣東白粥 ⋯⋯⋯⋯⋯ 150 公克
② 白切雞 ⋯⋯⋯⋯⋯ 120 公克
③ 薑 ⋯⋯⋯⋯⋯ 1 小塊
④ 蔥 ⋯⋯⋯⋯⋯ 1 根

調味料 Seasoning

⑤ 胡椒粉 ⋯⋯⋯⋯⋯ 適量
⑥ 鹽巴 ⋯⋯⋯⋯⋯ 適量

01 廣東白粥做法請參照 P.11。

02 薑切絲；蔥洗淨切段；白切雞剁成塊。

03 將雞塊、薑絲、蔥段，放至碗內備用。

04 白粥煮滾後，加入少許鹽巴、胡椒粉即可享用。

TIPS

⇨ 白切雞作法

　　用 1 千克以下本地嫩雞為好。將雞殺好洗淨後在微沸的水（或湯）中浸煮約 15 分鐘，期間需將雞從水中提出兩三次，把雞腔內的水倒出。當雞在水中浮起且雞膝關節外肌肉收縮，表示雞已熟。就可以將雞在冷熱水中冷卻漂洗，取出待表皮乾後抹上熟花生油即可。

田雞粥

　　田雞的味道很像雞肉,只是口感更嫩,有生肌活血的功能;煮田雞時,不宜煮太久,這樣田雞吃起來才會肉質嫩滑,而不至於過老過硬。

蛋、肉類
EGG, MEAT

① 廣東白粥 .... 150 公克
② 田雞 .... 2 隻
③ 蔥 .... 少許
④ 薑 .... 少許

醃料 Marinade

⑤ 太白粉 .... 1/4 茶匙
⑥ 清水 .... 1 茶匙
⑦ 醬油 .... 1/4 茶匙
⑧ 料理酒 .... 1/4 茶匙

調味料 Seasoning

⑨ 胡椒粉 .... 適量
⑩ 鹽巴 .... 適量

01 廣東白粥做法請參照 P.11。

02 薑切絲;蔥洗淨切蔥花。

03 田雞洗淨,切成拇指大小的塊狀,加入醃料,醃 20 分鐘。

04 白粥煮滾後,放入田雞塊、薑絲,滾 5 分鐘。

05 加入少許鹽巴、胡椒粉調味。

06 最後,撒上蔥花裝飾,即可享用。

狀元及第粥

　　所謂的及第粥,是取高中科舉的意思,專門給閉門苦讀的考生補身子,使他們一舉成名。據說從前生意繁榮的粥店,都會在店面張貼高中的名單。這道粥品,材料豐富,足以做為廣東粥之代替粥。

蛋、肉類
EGG, MEAT

① 廣東白粥 — 150 公克
② 豬肝 — 30 公克
③ 豬腰 — 30 公克
④ 絞肉 — 30 公克
⑤ 熟豬肚 — 30 公克
⑥ 小里肌肉 — 30 公克
⑦ 薑 — 少許
⑧ 蔥 — 數根

醃料 Marinade

⑨ 太白粉 — 1/2 茶匙
⑩ 油 — 1/2 茶匙
⑪ 醬油 — 1/2 茶匙
⑫ 糖 — 少許

調味料 Seasoning

⑬ 胡椒粉 — 適量
⑭ 鹽巴 — 適量

01 廣東白粥做法請參照 P.11。

02 薑切絲;蔥洗淨切段。

03 豬肝切片;豬腰切片;熟豬肚切片;小里肌肉切片,加入醃料,醃 10 分鐘;絞肉打成肉丸,備用。（註:熟豬肚料理方法,請參考 P.23。）

04 白粥煮滾後,加入肉丸煮 5 分鐘。

05 加入薑絲、蔥段及其他所有材料,煮 5 分鐘。

06 最後,加入鹽巴、胡椒粉調味,即可享用。

海鮮粥

切魷魚時，記得刀痕要切深一點，但不要切斷，
因為刀痕切得愈深，捲起來的花就越好看。

海鮮類
SEAFOOD

① 廣東白粥	150 公克		醃料 Marinade	
② 蝦仁	30 公克		⑨ 太白粉	1/2 茶匙
③ 蛤蜊	30 公克		⑩ 油	1/2 茶匙
④ 鮮魷魚	30 公克		⑪ 胡椒粉	1/2 茶匙
⑤ 鮮蚵	30 公克			
⑥ 石斑魚	30 公克		調味料 Seasoning	
⑦ 薑	1 小塊		⑫ 胡椒粉	適量
⑧ 蔥	1 根		⑬ 鹽巴	適量

步驟 STEP BY STEP

01　廣東白粥做法請參照 P.11。

02　薑切絲；蔥洗淨切蔥花。

03　蝦仁洗淨；蛤蜊浸泡鹽巴水，讓蛤蜊能吐盡沙與雜質。

04　鮮魷魚去除內臟、切開、用水冲淨表面及中心，將魷魚鋪平，先由左下角斜刀往上切，再換由右下角斜刀往上切，使魷魚表面呈現漂亮的十字花紋，再切段。

05　鮮蚵浸於鹽巴水中，輕輕抓洗乾淨，再冲水；石斑魚切片。

06　把所有海鮮倒入碗中，加入醃料，醃 20 分鐘。

07　白粥煮滾後，加入所有海鮮料、薑絲煮 5 分鐘。

08　加入少許鹽巴、胡椒粉調味。

09　最後，撒上蔥花裝飾，即可享用。

鮮紫菜小魚干貝粥

上好的干貝是完全乾燥、形狀完整、呈黃褐色的，煮干貝粥時，必須將干貝撥散開再加入粥中，所以形狀稍微不完整也無所謂。不過，形狀完整的干貝，也可以整個放入粥裡。

干貝事先洗淨、抹乾，置於大碗中，用熱水淹蓋浸泡。如想讓干貝變得格外柔軟，可灑少許的酒，放在火上蒸30分鐘至1小時。

海鮮類
SEAFOOD

① 廣東白粥　　　　　　150 公克
② 鮮紫菜　　　　　　　20 公克
③ 魩仔魚　　　　　　　60 公克
④ 干貝　　　　　　　　30 公克
⑤ 薑　　　　　　　　　1 小塊

調味料 Seasoning

⑥ 胡椒粉　　　　　　　適量
⑦ 鹽巴　　　　　　　　適量

步驟 STEP BY STEP

01　廣東白粥做法請參照 P.11。

02　薑切片。

03　魩仔魚洗淨瀝乾；干貝泡熱水至軟，用手撥至散開；鮮紫菜洗淨瀝乾。

04　白粥煮滾後，加干貝煮 20 分鐘。

05　加入鮮紫菜、魩仔魚、薑片煮 5 分鐘。

06　最後，加入少許鹽巴、胡椒粉調味，即可享用。

黃魚粥

　　黃魚，又稱黃花魚，高蛋白、低脂肪、低膽固醇類魚，有利於身體健康。夏季端午節前後是大黃魚的主要產期，清明之後則是小黃魚的主要產期，此時的黃魚身體肥美，鱗色金黃，發育達到頂點，最具食用價值。

　　黃魚含有豐富的微量元素硒，能清除人體代謝產生的自由基，能延緩衰老。中醫認為，黃魚有健脾和胃、安神止痢、益氣填精之功效，對貧血、失眠、頭暈、食慾不振及婦女產後體虛有良好療效。

① 廣東白粥 .... 150 公克
② 小黃魚 .... 1 條
③ 大白菜 .... 少許
④ 薑 .... 1 小塊
⑤ 蔥 .... 2 根
⑥ 料理酒 .... 1 茶匙

調味料 Seasoning

⑦ 胡椒粉 .... 適量
⑧ 鹽巴 .... 適量

01 廣東白粥做法請參照 P.11。

02 薑切片;蔥洗淨,1 根切段,1 根切蔥花。

03 大黃魚洗淨、去骨刺、拆肉;取鍋放料理酒、薑片、蔥段後,放入黃魚肉塊煮至熟。

04 大白菜洗淨,切碎。

05 白粥煮滾後,放入黃魚肉塊、大白菜,滾 5 分鐘。

06 加入少許鹽巴、胡椒粉調味。

07 最後,撒上蔥花裝飾,即可享用。

魚雲粥

　　把草魚頭切塊，放在粥裡一起煮。魚骨會產生鮮
美的味道，魚腦部分也特別柔軟好吃。

　　使用新鮮的草魚頭，把鰓和鰭切除，切成一口大
的肉塊，在粥底將熟前放入，充分煮熟，可依個人喜
好配合其他辛香料享用，也可用鯛魚頭代替草魚頭。

海鮮類
SEAFOOD

① 廣東白粥 ⋯⋯⋯⋯ 150 公克
② 草魚頭 ⋯⋯⋯⋯ 1 個
③ 薑 ⋯⋯⋯⋯ 少許
④ 蔥 ⋯⋯⋯⋯ 少許

調味料 Seasoning

⑤ 胡椒粉 ⋯⋯⋯⋯ 適量
⑥ 鹽巴 ⋯⋯⋯⋯ 適量

01　廣東白粥做法請參照 P.11。

02　草魚頭洗淨,一開四片備用。

03　薑切絲;蔥洗淨切段。

04　白粥煮滾後,加入薑絲、蔥段、草魚頭煮 10 分鐘。

05　最後,加入少許鹽巴、胡椒粉調味,即可享用。

石斑粥

　　石斑魚，早已馳名中外，被列為菜品中的珍品。石斑魚性格「清高」，不跟其他魚類一起隨意在海中漫游，喜歡在水色澄清的海底礁石洞中生活。

　　石斑魚全身無鱗，鮮紅色的尾和外皮上點綴著石斑一樣的條紋、斑點，煞是好看，所以中外習慣稱它為石斑魚。由於它的頭長得像老虎頭，當地漁民又叫它虎頭魚。它的肉味鮮美，含豐富蛋白質，脂肪非常低，肉質厚實，有點像雞肉，所以又有「海雞魚」之稱。

① 廣東白粥 ……………… 150 公克
② 石斑魚肉 ……………… 120 公克
③ 薑 ……………………… 1 小塊
④ 蔥 ……………………… 1 根

醃料 Marinade

⑤ 太白粉 ………………… 1/2 茶匙
⑥ 油 ……………………… 1/2 茶
⑦ 胡椒粉 ………………… 少許

調味料 Seasoning

⑧ 胡椒粉 ………………… 適量
⑨ 鹽巴 …………………… 適量

01 廣東白粥做法請參照 P.11。

02 薑切絲；蔥洗淨切段。

03 石斑魚塊肉切成魚球，加入醃料，醃 20 分鐘。

04 白粥煮滾後，放入魚球、薑絲、蔥段煮 5 分鐘。

05 最後，加入少許鹽巴、胡椒粉調味，即可享用。

生滾魚腩粥

此粥和魚雲粥一樣使用草魚，但此粥使用草魚柔軟而脂肪多的下腹部。將下腹部的肉連皮切成姆指大小（一口大小），放入粥裡烹煮，魚肉表面的顏色如果改變，就表示已經熟了，可用粥的餘熱將魚肉燙熟。此粥品也可用鯛魚或大頭鰱代替草魚，但絕不能使用小刺多的魚。

此粥品使用草魚，是因為草魚體色金黃，肌肉堅韌、富有彈性，切成薄肉片，入粥煮，可保持成片完整不爛，吃起來又爽又脆，別有風味。

材料 INGREDIENTS

① 廣東白粥	150 公克
② 草魚腩	150 公克
③ 薑	少許
④ 蔥	少許

醃料 Marinade

⑤ 太白粉	1/2 茶匙
⑥ 清水	1 大匙
⑦ 胡椒粉	1/2 茶匙
⑧ 油	1/2 茶匙
⑨ 料理酒	1/2 茶匙
⑩ 鹽巴	1/2 茶匙

調味料 Seasoning

⑪ 胡椒粉	適量
⑫ 鹽巴	適量

步驟 STEP BY STEP

01　廣東白粥做法請參照 P.11。

02　薑切絲;蔥洗淨切蔥花。

03　將草魚腩宰殺去鱗、去鰓,剖腹、去內臟、洗淨,然後去骨、去頭,片成草魚腩片。接著洗淨草魚腩片,刮去黑膜,切至姆指大小,加入醃料,醃 20 分鐘。

04　白粥煮滾,先加入草魚腩片、薑絲滾 5 分鐘。

05　加入少許鹽巴、胡椒粉調味。

06　最後,撒上蔥花裝飾,即可享用。

鯧魚肉碎粥

冬菜味鮮，並含有一種特殊的香味。用其熬湯，既能增加湯味的鮮美，又能增加菜餚的風味。它為一種半乾狀態、非發酵性鹹菜，有川冬菜與津冬菜兩種，多用作湯料或炒食，風味鮮美。

海鮮類
SEAFOOD

① 廣東白粥 ⋯⋯⋯⋯ 150 公克
② 鯧魚 ⋯⋯ 1 條（約 200 公克）
③ 絞肉 ⋯⋯⋯⋯⋯⋯ 40 公克
④ 冬菜 ⋯⋯⋯⋯⋯⋯⋯ 少許
⑤ 蔥 ⋯⋯⋯⋯⋯⋯⋯⋯ 1 根
⑥ 芹菜 ⋯⋯⋯⋯⋯⋯⋯ 1 根

絞肉醃料 Ground Meat Marinade

⑦ 太白粉 ⋯⋯⋯⋯⋯ 1/2 茶匙
⑧ 油 ⋯⋯⋯⋯⋯⋯⋯ 1/2 茶匙

鯧魚醃料 Pomfret Marinade

⑨ 太白粉 ⋯⋯⋯⋯⋯ 1/2 茶匙
⑩ 油 ⋯⋯⋯⋯⋯⋯⋯ 1/2 茶匙

調味料 Seasoning

⑪ 胡椒粉 ⋯⋯⋯⋯⋯⋯ 適量
⑫ 鹽巴 ⋯⋯⋯⋯⋯⋯⋯ 適量

01　廣東白粥做法請參照 P.11。

02　蔥洗淨切蔥花；芹菜洗淨切末。

03　冬菜先浸水一會，再洗乾淨沙泥，滴乾水分。

04　鯧魚洗淨、去骨、切大片，加入醃料，醃 10 分鐘；絞肉加入
　　醃料，醃 15 分鐘。

05　白粥煮滾，放入絞肉打散，再放入鯧魚片、冬菜，滾 10 分鐘。

06　加入少許鹽巴、胡椒粉調味。

07　最後，撒上芹菜末、蔥花裝飾，即可享用。

蠔仔肉碎粥

　　芹菜富含多種營養素，現代科學研究發現，芹菜含水分94%，含豐富的鈣、磷、鐵等礦物質，含多量的蛋白質，比瓜果類食品高出1倍多。芹菜還有美容功效，如用芹菜搗爛絞汁洗臉，既養顏潔面，又能防止皮膚粗糙乾澀。

　　芹菜不僅有豐富的營養，而且還具有藥用功能。中醫認為芹菜性涼，有清熱、平肝、利濕等功效，芹菜還有明顯的和壓作用，降壓效力溫和而穩定，已廣泛為高血壓患者所採用。但芹菜性涼，脾胃虛弱、便溏者或慢性腹瀉者則不宜多食。

① 廣東白粥 .... 150 公克
② 鮮蚵 .... 50 公克
③ 豬絞肉 .... 60 公克
④ 薑 .... 1 小塊
⑤ 芹菜 .... 1 根

調味料 Seasoning

⑧ 胡椒粉 .... 適量
⑨ 鹽巴 .... 適量

醃料 Marinade

⑥ 太白粉 .... 1/2 茶匙
⑦ 油 .... 1/2 茶匙

01 廣東白粥做法請參照 P.11。

02 薑切絲；芹菜洗淨切末。

03 鮮蚵浸於鹽巴水中，輕輕抓洗乾淨，再沖水；豬絞肉加入醃料抓拌均勻。

04 白粥煮滾後，放入豬絞肉、鮮蚵、薑絲，煮 5 分鐘。

05 加入少許鹽巴、胡椒粉調味。

06 最後，撒上芹菜末裝飾，即可享用。

雙蚌粥

　　鮮蚵清洗時，一定要加鹽巴搓洗每一粒生蚵並去除小殼，然後以清水將黏液沖洗乾淨，如此一來，沾附在蚵上的碎殼屑及雜質便能很輕易地脫離，並使蚵肉在咀嚼時更具口感，再以篩網或網杓瀝乾。加鹽巴搓洗是清潔生蚵的一個小訣竅，不過在力道上要放輕些，不然會將鮮蚵弄破。

　　蚵有遇熱即縮，放涼就吐水的特性，因此川燙生蚵，目的在於讓肉稍微收縮，留住其鮮美的湯汁。另外，在烹煮時，記得要開大火，鎖住肉所含水分，但要注意不能煮太久，否則肉會鎖得過緊而美味盡失！

① 廣東白粥 .... 150 公克
② 鮮蚵 .... 50 公克
③ 蛤蜊 .... 60 公克
④ 薑 .... 少許
⑤ 蔥 .... 少許

醃料 Marinade

⑥ 太白粉 .... 1/2 茶匙
⑦ 油 .... 1/2 茶匙

調味料 Seasoning

⑧ 胡椒粉 .... 適量
⑨ 鹽巴 .... 適量

01 廣東白粥做法請參照 P.11。

02 薑切絲；蔥洗淨切蔥花。

03 鮮蚵洗淨、瀝乾，加入醃料，醃 5 分鐘；蛤蜊浸泡鹽巴水，讓蛤蜊能吐盡沙與雜質。

04 白粥煮滾放入鮮蚵、蛤蜊煮 5 分鐘。

05 加入少許鹽巴、胡椒粉調味。

06 最後，撒上蔥花、薑絲裝飾，即可享用。

TIPS

　　浸泡蛤蜊時，最好在水中加 1 茶匙鹽巴，可加快蛤蜊吐沙的速度。蛤又叫蛤蜊，有花蛤、文蛤、西施舌等諸多品種。其肉質鮮美無比，被稱為「天下第一鮮」、「百味之冠」，其具有高蛋白、高鐵、高鈣、少脂肪等營養特點。

明蝦粥

　　蝦，也叫海米、開洋，主要分為淡水蝦和海水蝦。一般常見的青蝦、河蝦、草蝦、小龍蝦等都屬淡水蝦；對蝦、明蝦、琵琶蝦、龍蝦等是海水蝦。蝦的肉質肥嫩鮮美，食之既無魚腥味，又無骨刺，老幼皆宜，備受青睞。蝦的吃法多樣，可製成多種美味佳餚，歷來被認為既是美味，又是滋補壯陽之妙品。

　　把生蝦放入同煮的粥，是一道具有海鮮美味的廣東粥。粥煮熟後，把備好的蝦放入稍煮即可，煮得過久，蝦仁會變硬，味道就差了。

① 廣東白粥 .... 150 公克
② 大明蝦 .... 2 隻
③ 薑 .... 1 小塊
④ 蔥 .... 1 根

醃料 Marinade

⑤ 太白粉 .... 1/2 茶匙
⑥ 油 .... 1/2 茶匙

調味料 Seasoning

⑦ 胡椒粉 .... 適量
⑧ 鹽巴 .... 適量

01 廣東白粥做法請參照 P.11。

02 薑切絲;蔥洗淨切段。

03 大明蝦去殼、取肉、切片,加入醃料,醃 10 分鐘。

04 白粥加入蝦頭殼煮 15 分鐘,取出蝦頭殼,加入蝦肉、薑絲、蔥段煮 5 分鐘。

05 最後,加入少許鹽巴、胡椒粉調味,即可享用。

圍蝦粥

　　將上選沙蝦川燙熟後，急速過水冰涼，可保留沙蝦肉質之鮮、甜原味。經常食用沙蝦，可保有明目潔齒，養顏健身，益壽延年的功效。

海鮮類
SEAFOOD

① 廣東白粥 ⋯⋯⋯⋯ 150 公克　　⑥ 鹽巴 ⋯⋯⋯⋯⋯⋯ 適量

② 沙蝦 ⋯⋯⋯⋯⋯⋯ 120 公克

③ 薑 ⋯⋯⋯⋯⋯⋯⋯ 少許

④ 蔥 ⋯⋯⋯⋯⋯⋯⋯ 少許

調味料 Seasoning

⑤ 胡椒粉 ⋯⋯⋯⋯⋯⋯ 適量

01　廣東白粥做法請參照 **P.11**。

02　薑切絲；蔥洗淨切蔥花。

03　沙蝦用熱水燙熟，去殼取肉，為蝦仁。

04　白粥煮滾後，先放入蝦仁、薑絲煮 2 分鐘。

05　加入少許鹽巴、胡椒粉調味。

06　最後，撒上蔥花、薑絲裝飾，即可享用。

花蟹粥

花蟹的處理方法：

1. 用手按住蟹蓋，再用剪刀插進蟹嘴內。

2. 打開蟹蓋。

3. 除去鰓、臍，洗淨。

4. 用刀背拍破蟹鉗。

5. 將蟹身剖成四塊。

海鮮類
SEAFOOD

① 廣東白粥 ...... 150 公克
② 花蟹 ...... 1 隻
③ 薑 ...... 1 小塊
④ 蔥 ...... 1 根

調味料 Seasoning

⑤ 胡椒粉 ...... 適量
⑥ 鹽巴 ...... 適量

01　廣東白粥做法請參照 P.11。

02　薑切片；蔥洗淨切段。

03　花蟹剁成四塊。

04　白粥煮滾後，加入花蟹塊、薑片、蔥段煮 10 分鐘。

05　最後，加入少許鹽巴、胡椒粉調味，即可享用。

生滾龍蝦粥

　　龍蝦,屬於爬行類,分布於世界各大洲,品種繁多,一般棲息於溫暖海洋的近海海底或岸邊。龍蝦體大肉多,營養豐富,蛋白質、維生素E、磷、鐵含量也不低。

　　普通吃龍蝦,多蒸或煮熟後剝殼取肉,蘸醋等調味料食用。但須注意剔去其沙腸,此是藏污納垢的部分,隱藏很多致病微生物,不小心吃下去很容易生病。

　　龍蝦除作佳餚外,還有很高的食療作用。中醫認為,龍蝦肉味甘、性溫,具有補腎壯陽、滋陰健胃的功效,可以治腎虛陽萎、神經衰弱、筋骨疼痛等症。

海鮮類
SEAFOOD

① 廣東白粥 ……………… 150 公克
② 龍蝦 ………………………… 1 隻
③ 薑 …………………………… 少許
④ 蔥 …………………………… 少許

醃料 Marinade

⑤ 鹽巴 a ………………… 適量

調味料 Seasoning

⑥ 鹽巴 b ………………… 適量

01 廣東白粥做法請參照 P.11。

02 薑切絲；蔥洗淨切段。

03 龍蝦洗淨，將龍蝦去頭，切開殺取肉，將肉剁成小方塊，用鹽巴 a 醃至入味。

04 白粥煮滾，把所有材料加入滾 15 分鐘。

05 最後，加入少許鹽巴 b、胡椒粉調味，即可享用。

TIPS

⇨ 龍蝦放尿方法

　　蝦腹朝下，拉起尾部，用一支筷子從近尾處的底端插入體內，再抽出筷子，會隨著排出一道有異味的液體；如不去除，會影響其風味。

鮑魚粥

鮑魚屬於耳貝科腹足卷貝類的軟體動物。幼年期的鮑魚具有卷狀的外殼，也有殼蓋，但是隨著時間的推移，鮑魚的外殼就只剩下一片了。鮑魚的殼表有9個孔，排列成行且突起。產卵期在夏季至秋季，主要食物是褐藻。

鮑魚的美味在卷貝之中名列第一，鮑魚味道最鮮美的季節在夏季，可作成生魚片或鮑魚乾來食用。生鮑魚脂肪含量低，所以不易使膽固醇上升，維生素E豐富，可預防心臟血管疾病的健康食品。

① 廣東白粥 ⋯⋯⋯⋯⋯ 150 公克
② 罐頭鮑魚 ⋯⋯⋯⋯⋯ 2 只
③ 薑 ⋯⋯⋯⋯⋯⋯⋯⋯ 1 小塊
④ 蔥 ⋯⋯⋯⋯⋯⋯⋯⋯ 1 根

調味料 Seasoning

⑤ 胡椒粉 ⋯⋯⋯⋯⋯⋯ 適量
⑥ 鹽巴 ⋯⋯⋯⋯⋯⋯⋯ 適量

01 廣東白粥做法請參照 P.11。

02 薑切絲；蔥洗淨切蔥花。

03 鮑魚切片備用。

04 白粥煮滾後，加入鮑魚片、薑絲煮 1 分鐘。

05 加入少許鹽巴、胡椒粉調味。

06 最後，撒上蔥花裝飾，即可享用。

鮑魚石斑粥

石斑魚肉刺少，肉層厚，最適合煮粥，可在超市或菜市場買到，除石斑魚外，也可用鯛魚片。罐頭鮑魚也可改用新鮮鮑魚或九孔。

材料放入白粥煮時，儘量不要攪拌粥底，以保持食材的完整性。

海鮮類
SEAFOOD

① 廣東白粥 ⋯⋯⋯⋯⋯ 150 公克
② 罐裝鮑魚 ⋯⋯⋯⋯⋯ 1 只
③ 石斑魚肉 ⋯⋯⋯⋯⋯ 60 公克
④ 薑 ⋯⋯⋯⋯⋯⋯⋯⋯ 少許
⑤ 蔥 ⋯⋯⋯⋯⋯⋯⋯⋯ 少許

調味料 Seasoning

⑨ 鹽巴 ⋯⋯⋯⋯⋯⋯⋯ 適量

醃料 Marinade

⑥ 太白粉 ⋯⋯⋯⋯⋯ 1/2 茶匙
⑦ 胡椒粉 ⋯⋯⋯⋯⋯ 1/2 茶匙
⑧ 油 ⋯⋯⋯⋯⋯⋯⋯ 1/2 茶匙

01 廣東白粥做法請參照 P.11。

02 薑切絲；蔥洗淨切蔥花。

03 石斑魚肉洗淨、切片，加入醃料，醃 15 分鐘；鮑魚切片，備用。

04 白粥煮滾後，加入石斑魚片煮 5 分鐘後，加入鮑魚片煮至熟。

05 加入少許鹽巴調味。

06 最後，撒上蔥花裝飾，即可享用。

鮑魚滑雞粥

海鮮類
SEAFOOD

中國菜裡的鮑魚，大都指乾燥的鮑魚。乾燥的鮑魚需要相當的時間才能泡軟，不過它和干貝一樣，有一種與生鮑魚不同的風味。

煮白粥或粥底時，如果將鮑魚的蒸汁加在水裡，味道會更好。粥將煮熟時，將鮑魚薄片放入即可。辛香料可使用蔥、薑、香菜或油條，也可依個人喜好加少許香油或胡椒粉。

如果使用鮑魚罐頭，做法較簡單。做時將罐頭鮑魚切成薄片，粥煮熟時，再將鮑魚和湯一起放入即可。

① 廣東白粥 .... 150 公克
② 罐頭鮑魚 .... 1 只
③ 雞腿 .... 1 隻
④ 薑 .... 1 小塊
⑤ 蔥 .... 1 根

醃料 Marinade

⑥ 太白粉 .... 1/2 茶匙
⑦ 油 .... 1/2 茶匙
⑧ 醬油 .... 1/2 茶匙

調味料 Seasoning

⑨ 鹽巴 .... 適量

01 廣東白粥做法請參照 P.11。

02 薑切片；蔥洗淨切段。

03 罐頭鮑魚切片或切角；雞腿去骨切片，加入醃料，醃 20 分鐘。

04 白粥煮滾後，加入雞肉腿片、薑片煮 5 分鐘。

05 再加入蔥段、鮑魚片煮 1 分鐘。

06 關火，加入少許鹽巴調味，即可享用。

TIPS

鮑魚的泡法是在水中浸一會兒，再撈起擦乾表面，然後置於大碗內，用水加以淹蓋，放入鍋中蒸軟。蒸的時間必須視鮑魚的種類和大小加以調節，鮑魚煮軟後斜切薄片，一人份必須準備 4 ～ 5 片。

燕窩雞茸粥

　　燕窩最好提前一天用冷水泡發，發好的數量會比較多，如時間緊迫，可以溫水或熱水浸泡，燕窩的量最以一次能吃完為宜。

　　將味道清淡的雞肉和燕窩一起放入粥裡面煮，所需時間較短，可保留肉本身的味道，可視個人喜好加些香菜和油條。

　　要雞茸軟滑，不會黏在一起，秘訣是將雞茸剁爛，加調味料後，再加水將雞茸調稀使成糊狀，注意加水時要不斷用筷子攪勻。

① 廣東白粥 .... 150 公克
② 發好碎燕窩 50 公克
③ 雞胸肉 .... 80 公克

調味料 Seasoning

⑧ 鹽巴 .... 適量

醃料 Marinade

④ 太白粉 .... 1/2 茶匙
⑤ 油 .... 1/2 茶匙
⑥ 薑汁 少許
⑦ 蛋白 .... 1/2 只

01 廣東白粥做法請參照 P.11。

02 雞胸肉洗淨、剁成茸狀,將雞茸加入醃料,拌醃 20 分鐘。

03 將白粥煮滾後,加入雞茸煮 3 分鐘後,再加入燕窩同煮。

04 最後,放入少許鹽巴調味,並煮 2 分鐘,即可享用。

TIPS

乾燕窩先用溫水浸泡,待泡發好後,挑淨雜質。

CHAPTER

02

·

煲仔飯

認識煲仔飯

Know Claypot Rice

廣東煲仔飯—平民的幸福口味

　　煲，是鍋子的意思；仔，則是小的意思，顧名思義，煲仔飯就是用小鍋子來煲煮的飯。這是廣東人最喜歡的飲食方式之一，也是寒冷冬天最適合用來暖身子的食物。

　　煲仔飯有很多特色，一煲之內，齊聚了各樣食材，若是平民百姓只是溫飽一餐時，可以隨意加入現有或便宜的食材，再放上青蔬，一頓飯輕鬆解決，十分方便，例如鹹蛋冬菜肉餅煲仔飯和家鄉肉青江菜煲仔飯等，平民化的價格經濟又時惠。若是要當宴客菜餚招待客人，可以加上臘腸、臘鴨腿，或是石斑魚或明蝦等高貴食材，馬上搖身一變為貴族享受，這樣的方便與多元，是煲仔飯的最大特色。

　　香味，是煲仔飯另一個特色，所有美味封鎖在小砂鍋之內，一開鍋，所有食材的香味一下子全跑出來，香氣、熱氣迎面而來，不但香，而且暖呼呼的，於是煲仔飯常是秋冬時節人氣食物，冬天吃起來，格外令人感到溫暖幸福。

　　一人一鍋，烹調食用皆方便，則是煲仔飯第三個特色。煮煲仔飯時，一鍋就是一人份，需要幾人份就做幾鍋；當一群人圍著桌邊，等著飽食一頓時，一小鍋煲仔飯放上來，打開鍋蓋即可享受各自的美味，只見大家低頭聞香賞味，時而抬起頭來寒喧聊天；若是一般市井小民用來當午餐吃時，小鍋就十分方便，一下子就吃完或是帶著邊走邊吃，煲仔飯就是這麼隨和，可以符合各種飲食狀況。

　　易於養生調理身體，也是煲仔飯受人歡迎的原因，早期農業社會的農家，生活困苦，但是田裡的田雞，河裡的魚，到處可見也十分營養，於是就被拿來當作煲仔飯裡的食材，例如田雞就可以利用其活血的特性，用來照顧產婦和病人老人的營養，所以煲仔飯因其食材不同，還可以用來滋補養生，好處多多！

　　煲仔飯還是許多人童年時期的飲食回憶。媽媽親手做的冬菜，醃的鹹肉，在冬天時候拿來做成煲仔飯，許多遊子出門在外，常常懷念起母親的家鄉菜，不同的媽媽有不同的菜色，也形成了煲仔飯的另一個特色。

做好煲仔飯關鍵

◆ 米

　　米要選用新鮮的白米，顆粒完整，洗淨後泡水 15 分鐘，幫助米粒吸收水分，使米粒晶瑩飽滿；而後入鍋炊煮，煮飯時候可以加入少許油攪拌，約 1/2 小匙左右，幫助米粒更晶亮，散發光澤；再放入 2 杯水，加蓋後先用大火煮開，後轉至小火燜煮到起小泡泡為止。這樣煮出來的飯既香且顆粒分明，色澤透亮誘人。

◆ 鍋子

　　鍋子，選用一般常見的砂鍋，一人份的大小為宜，砂鍋便宜容易取得，是利用其孔洞使水分易於滲入；若是沒有砂鍋，也可以用一般的白鐵鍋來做，十分方便。但是不宜用鐵鍋，以免鍋中鐵繡加熱後溢，使飯粒沾上鐵繡變黑。

◆ 食材

　　食材充滿變化，任何材料都可以拿來做，因為煲仔飯煮的時候會加蓋，可以選用容易增加香味的材料，例如臘味、鹹魚，菇類、芋頭、海鮮等，掀蓋時候就會香氣十足。

臘鴨腿煲仔飯

特調醬油做法：將水、糖、醬油混合煮至濃稠，嚐一下味道，可以依照個人口味調整分量，之後再淋上少許煮過的熱油，使特調醬油顏色晶瑩透亮即可。也可以不加特調醬油，單純享受臘鴨腿的香氣與美味。

道地的煲仔飯，臘鴨腿以南安產的鴨最好，通常是不用雞腿來做的。但是現在口味多元富變化，也可以依照個人喜愛選用想要的材料來做，方便又美味。

材料 INGREDIENTS

① 白米　　　　　1 量杯（約 150 公克）
② 水　　　　　　2 量杯
③ 臘鴨腿　　　　1 隻
④ 青菜　　　　　2 棵

調味料 Seasoning

⑤ 特調醬油　　　1 大匙
⑥ 油　　　　　　1 茶匙

步驟 STEP BY STEP

01　白米洗淨泡水 15 分鐘瀝乾，放至砂鍋內，加 1/2 茶匙油攪拌，再放入 2 量杯清水，加蓋，開大火煮滾後，轉小火煮至起小泡泡。

02　臘鴨腿用熱水川燙洗淨。

03　打開鍋蓋，將臘鴨腿放至米飯上，沿著砂鍋邊內淋入 1/2 茶匙油，加蓋小火煮約 15 分鐘。

04　打開鍋蓋，取出臘鴨腿剁成大塊後，淋入特調醬油攪拌米飯，放回臘鴨腿，加蓋小火煮約 5 分鐘。

05　將青菜洗淨後，用熱水稍微川燙，加入煲仔飯即可享用。

臘味煲仔飯

煲仔飯是非常平民的飲食，選用砂鍋來製作。早期鄉下農民用不起精緻昂貴的瓷器，因而選用便宜常見的砂鍋，利用砂鍋粗糙多孔洞的特性，反而形成透氣的空間，使煲仔飯更顯其美味特色。

家裡若是沒有砂鍋，也可以利用一般的生鐵鍋來製作，將米一杯加上水一杯半（即米：水為 1：1.5 的比率），用慢火來煮即可；或者是先將米浸泡一小時，則米與水為 1：1，就是米一杯加上水一杯即可。

材料 INGREDIENTS

① 白米 .... 1 量杯（約 150 公克）
② 水 .... 2 量杯
③ 臘鴨腿 .... 1/2 隻
④ 臘腸 .... 1/3 條
⑤ 肝腸 .... 1/3 條
⑥ 臘肉 .... 1/4 條
⑦ 青菜 .... 2 棵

調味料 Seasoning

⑧ 特調醬油 .... 1 大匙
⑨ 油 .... 1 茶匙

步驟 STEP BY STEP

01 白米洗淨泡水 15 分鐘瀝乾，放至砂鍋內，加 1/2 茶匙油攪拌，再放入 2 量杯清水，加蓋，開大火煮滾，轉小火煮至起小泡泡。

02 臘鴨腿、臘腸、肝腸、臘肉，用熱水川燙洗淨，為臘味。

03 打開鍋蓋，將臘味放至米飯上，沿著砂鍋邊內淋入 1/2 茶匙油，加蓋小火煮約 15 分鐘。

04 打開鍋蓋，取出臘味剁成片後，淋入特調醬油攪拌米飯，放回臘味，加蓋小火煮約 5 分鐘。

05 將青菜洗淨後，用熱水稍微川燙，加入煲仔飯即可享用。

鴛鴦腸臘肉煲仔飯

駕鴦腸，就是臘腸與肝腸，可以直接在港式臘腸臘肉店買現成的來用。

這道駕鴦臘腸肉煲仔飯，內容豐富，上桌時候，臘腸臘肉香氣四溢，吃來格外暖烘烘的。

材料 INGREDIENTS

① 白米 .... 1 量杯（約 150 公克）
② 水 2 量杯
③ 臘腸 1/2 條
④ 肝腸 1/2 條
⑤ 臘肉 1/4 條
⑥ 青菜 2 棵

調味料 Seasoning

⑦ 特調醬油 .... 1 大匙
⑧ 油 .... 1 茶匙

步驟 STEP BY STEP

01　白米洗淨泡水 15 分鐘瀝乾，放至砂鍋內，加 1/2 茶匙油攪拌，再加入 2 量杯清水，加蓋，開大火煮滾，轉小火煮至起小泡泡。

02　臘腸、肝腸、臘肉用熱水川燙洗淨，為臘味。

03　打開鍋蓋，將臘味放至米飯上，沿著砂鍋邊內淋上 1/2 茶匙油，加蓋小火煮約 15 分鐘。

04　打開鍋蓋，取出臘味切成片後，淋入特調醬油攪拌米飯，放回臘味，加蓋小火煮約 5 分鐘。

05　將青菜洗淨後，用熱水稍微川燙，加入煲仔飯即可享用。

鴛鴦臘肝腸煲仔飯

這裡先將鴛鴦腸整條煮熟後，切片再放回鍋內，這樣子不但方便食用，視覺上也美觀。特調醬油的作用在於增加食物的味道，如果覺得鴛鴦臘肝腸味道已經足夠，可以不加特調醬油，吃道地的原汁原味。

① 白米 .... 1 量杯（約 150 公克）
② 水 .... 2 量杯
③ 臘腸 .... 1 條
④ 肝腸 .... 1 條
⑤ 青菜 .... 2 棵

調味料 Seasoning

⑥ 特調醬油 .... 1 大匙
⑦ 油 .... 1 茶匙

01　白米洗淨泡水 15 分鐘瀝乾，放至砂鍋內，加 1/2 茶匙油攪拌，再加入 2 量杯清水，加蓋，開大火煮滾，轉小火煮至起小泡泡。

02　臘腸、肝腸用熱水川燙洗淨，為臘味。

03　打開鍋蓋，將臘味放至米飯上，沿著砂鍋邊內淋上 1/2 茶匙油，加蓋小火煮約 15 分鐘。

04　打開鍋蓋，取出臘味切成片後，淋入特調醬油攪拌米飯，放回臘味，加蓋小火煮約 5 分鐘。

05　將青菜洗淨後，用熱水稍微川燙，加入煲仔飯即可享用。

臘腸排骨煲仔飯

這是道香港家庭經常做來吃的家庭料理，用臘腸加上排骨來做，除了吃到道地港式臘腸之外，再加上自己醃的肋排骨，可說是雙重美味；米飯吸收了臘腸與排骨的油脂和湯汁，吃來也特別夠味；點綴著紅色辣椒絲，加上青菜的鮮綠，除了美味，顏色也格外誘人。紅色辣椒絲還可以用蔥絲代替，別有一番風味。

① 白米　　　　1 量杯（約 150 公克）
② 水　　　　　　　　　　2 量杯
③ 臘腸　　　　　　　　　1/2 條
④ 肋排骨　　　　　　　　120 公克
⑤ 紅辣椒　　　　　　　　少許
⑥ 青菜　　　　　　　　　2 棵

醃料 Marinade

⑦ 太白粉　　　　　　1/2 茶匙
⑧ 鹽巴　　　　　　　1/4 茶匙

⑨ 糖　　　　　　　　　1/4 茶匙
⑩ 酒　　　　　　　　　1/4 茶匙
⑪ 醬油　　　　　　　　1/4 茶匙
⑫ 油　　　　　　　　　1/2 茶匙
⑬ 料理酒　　　　　　　1/2 茶匙

調味料 Seasoning

⑭ 特調醬油　　　　　　1 大匙
⑮ 油　　　　　　　　　1 茶匙

01　白米洗淨泡水 15 分鐘將水分瀝乾，放至砂鍋內加 1/2 茶匙油攪拌，再放入 2 量杯清水，加蓋，開大火煮滾，轉小火煮至起小泡泡。

02　紅辣椒切小片；臘腸用熱水川燙；肋排骨剁至拇指大小的塊狀，洗淨瀝乾，加入醃料醃約 15 分鐘。

03　打開鍋蓋，將臘腸、排骨塊放入，沿著砂鍋邊淋上 1/2 茶匙油，加蓋小火煮約 15 分鐘。

04　打開鍋蓋，取出排骨、臘腸，並將臘腸切成片後，淋入特調醬油攪拌米飯，放回臘味，加蓋小火煮約 5 分鐘。

05　將青菜洗淨後，用熱水稍微川燙，加入煲仔飯，並灑上紅辣椒片後，即可享用。

臘腸雞腿煲仔飯

傳統的煲仔飯，是用鴨腿來做（請參考臘鴨腿煲仔飯 P.79），這裡選用現在人也常常吃的雞腿，除了方便之外，也增加飲食的口味變化。

① 白米	1 量杯（約 150 公克）	⑩ 鹽巴	1/4 茶匙
② 水	2 量杯	⑪ 糖	1/4 茶匙
③ 臘腸	1/2 條	⑫ 酒	1/4 茶匙
④ 雞腿	1 隻	⑬ 醬油	1/4 茶匙
⑤ 蔥白	3 小段	⑭ 油	1/2 茶匙
⑥ 薑	3 小片	⑮ 料理酒	1/2 茶匙
⑦ 青菜	2 棵		

醃料 Marinade

⑧ 太白粉	1/2 茶匙
⑨ 水	1/2 茶匙

調味料 Seasoning

⑯ 特調醬油	1 大匙
⑰ 油	1 茶匙

01　薑切片；蔥白洗淨切小段。

02　白米洗淨泡水 15 分鐘瀝乾，放至砂鍋內，加 1/2 茶匙油攪拌，再加入 2 量杯清水，加蓋，開大火煮滾，轉小火煮至起小泡泡。

03　臘腸用熱水川燙；雞腿去骨剁至拇指大小的塊狀，放入蔥白段、薑片、醃料，醃約 15 分鐘。

04　打開鍋蓋，加入臘腸、雞腿肉，沿著砂鍋邊內淋上 1/2 茶匙油，加蓋小火煮約 15 分鐘。

05　打開鍋蓋，取出雞腿肉、臘腸，並將臘腸切成片後，淋入特調醬油攪拌米飯，放回雞腿肉、臘腸，加蓋小火煮約 5 分鐘。

06　將青菜洗淨後，用熱水稍微川燙，加入煲仔飯即可享用。

臘腸田雞腿煲仔飯

早期農業社會的農家，生活困苦，但是田裡的田雞，河裡的魚，到處可見也十分營養，於是就被拿來當作煲仔飯裡的食材，例如田雞就可以利用其活血的特性，用來照顧產婦、病人和老人的營養，所以煲仔飯因其食材不同，還可以用來滋補養生，好處多多！

① 白米	1 量杯（約 150 公克）		⑩ 鹽巴	1/4 茶匙
② 水	2 量杯		⑪ 糖	1/4 茶匙
③ 臘腸	1/2 條		⑫ 酒	1/4 茶匙
④ 田雞腿	4 隻		⑬ 醬油	1/4 茶匙
⑤ 蔥白	3 小段		⑭ 油	1/2 茶匙
⑥ 薑	3 小片		⑮ 料理酒	1/2 茶匙
⑦ 青菜	2 棵			

醃料 Marinade

⑧ 太白粉	1/2 茶匙
⑨ 水	1/2 茶匙

調味料 Seasoning

⑯ 特調醬油	1 大匙
⑰ 油	1 茶匙

01　薑切片；蔥白洗淨切段。

02　白米洗淨泡水 15 分鐘瀝乾，放至砂鍋內，加 1/2 茶匙油攪拌，再加入 2 量杯清水，加蓋，開大火煮滾，轉小火煮至起小泡泡。

03　臘腸用熱水川燙切片；田雞腿洗淨，切成拇指大小的塊狀，放入蔥白段、薑片、醃料，醃 15 分鐘。

04　打開鍋蓋，加入臘腸、所有材料，沿著砂鍋邊內淋上 1/2 茶匙油，加蓋小火煮約 15 分鐘。

05　打開鍋蓋，取出臘腸、田雞腿肉塊，並將臘腸切成片後，淋入特調醬油攪拌米飯，放回臘腸、田雞腿肉塊，加蓋小火煮約 5 分鐘。

06　將青菜洗淨後，用熱水稍微川燙，加入煲仔飯即可享用。

鴛鴦腸糯米煲仔飯

一般煲仔飯都是以白米飯來做，但是這裡選用糯米來做變化，不但視覺上有新鮮的感覺，糯米吃起來較為軟嫩的口感，也是許多老饕的最愛，不過因為糯米較難消化，胃腸不好的人不宜多食。開洋，就是乾蝦仁。

材料
INGREDIENTS

① 糯米 .... 1 量杯
② 水 .... 2 量杯
③ 臘腸 .... 1 條
④ 肝腸 .... 1 條
⑤ 開洋（乾蝦仁）...................... 1 大匙
⑥ 冬菇 .... 2 朵
⑦ 青菜 .... 2 根

調味料 Seasoning

⑧ 特調醬油 .... 1 大匙
⑨ 油 .... 1 大匙

步驟
STEP BY STEP

01　糯米洗淨泡水 1 小時瀝乾，放至砂鍋內，加 1/2 茶匙油攪拌，再放入 2 量杯清水，加蓋開大火煮滾後，轉小火煮至水乾。

02　臘腸、肝腸、洗淨蒸熟，各取 1/2 條切片；開洋用熱水泡軟瀝乾；冬菇用熱水泡軟瀝乾切絲。

03　炒鍋加 1 大匙油，放入做法 2 的所有材料，翻炒 2 分鐘，再加入 1 大匙特調醬油。

04　打開鍋蓋，加入炒好的材料攪拌均勻，再放入 1/2 條蒸熟臘腸與 1/2 條蒸熟肝腸，加蓋小火煮 15 分鐘。

05　將青菜洗淨後，用熱水稍微川燙，加入煲仔飯即可享用。

豬肝薑片煲仔飯

豬肝含有豐富的鐵質，非常適合女性及孩童食用。這裡用薑片不但可以趨寒，加上蔥還可以去掉豬肝的腥味。豬肝的處理方式請參考豬肝粥（P.18）。

① 白米	1 量杯（約 150 公克）		⑨ 糖	1/4 茶匙
② 清水	2 量杯		⑩ 醬油	1/4 茶匙
③ 豬肝	130 公克		⑪ 油	1 茶匙
④ 薑	3 片		⑫ 料理酒	1/2 茶匙
⑤ 蔥	4 段			

醃料 Marinade

⑥ 太白粉	1 茶匙
⑦ 清水	2 茶匙
⑧ 鹽巴	1/4 茶匙

調味料 Seasoning

⑬ 特調醬油	1 大匙
⑭ 油	1 茶匙

01 白米洗淨泡水 15 分鐘瀝乾，放至砂鍋內，加 1/2 茶匙油攪拌，再放入 2 量杯清水，加蓋，開大火煮滾，轉小火煮至起小泡泡。

02 薑切片；蔥洗淨切段。

03 豬肝洗淨切片，加入醃料，醃約 15 分鐘，加入薑片與蔥段備用。

04 打開鍋蓋，將豬肝片、薑片、蔥段分散放在米飯上，沿著砂鍋邊內淋入 1/2 茶匙油，加蓋小火煮 15 分鐘。

05 打開鍋蓋，淋入特調醬油，攪拌米飯即可享用。

豬腰蔥段薑片煲仔飯

料理酒是一種烹調用酒，主要是用來去肉類的腥羶，還可以增添食物香氣；豬腰治虛補腎，是非常營養的食材，用來進補身子十分適合。豬腰的處理方法請參考豬腰粥（P.16）。

（P.16）

材料 INGREDIENTS

① 白米	1 量杯（約 150 公克）
② 清水	2 量杯
③ 豬腰	1 副
④ 薑	4 片
⑤ 蔥	3 段

醃料 Marinade

⑥ 太白粉	1/2 茶匙
⑦ 清水	1 茶匙
⑧ 鹽巴	1/4 茶匙

⑨ 糖	1/4 茶匙
⑩ 醬油	1/4 茶匙
⑪ 油	1 茶匙
⑫ 料理酒	1 茶匙

調味料 Seasoning

⑬ 特調醬油	1 大匙
⑭ 油	1 茶匙

步驟 STEP BY STEP

01　白米洗淨泡水 15 分鐘瀝乾，放至砂鍋內，加 1/2 茶匙油攪拌，再加入 2 量杯清水，加蓋，開大火煮滾，轉小火煮至起小泡泡。

02　薑切片；蔥洗淨切段。

03　豬腰 1 副切半，去除白筋，切 2 公分片狀，洗淨後，加入醃料、薑片、蔥段，醃 15 分鐘備用。

04　打開鍋蓋，放入醃好的豬腰片和薑片、蔥段，沿著砂鍋邊內淋入 1/2 茶匙油，加蓋小火煮 15 分鐘。

05　打開鍋蓋，淋入特調醬油攪拌米飯，攪拌米飯即可享用。

梅干菜肉片煲仔飯

廣東菜與客家菜，系出同源，梅干菜味香且重，除了用來做客家料理之外，用來做煲仔飯，也是十分美味。

① 白米 ⋯⋯⋯⋯ 1 量杯（約 150 公克）
② 清水 ⋯⋯⋯⋯⋯⋯⋯⋯ 2 量杯
③ 梅干菜 ⋯⋯⋯⋯⋯⋯ 40 公克
④ 豬柳里肌 ⋯⋯⋯⋯⋯ 130 公克
⑤ 薑 ⋯⋯⋯⋯⋯⋯⋯⋯⋯ 少許

醃料 Marinade

⑥ 太白粉 ⋯⋯⋯⋯⋯ 1/2 茶匙
⑦ 清水 ⋯⋯⋯⋯⋯⋯⋯ 1 茶匙
⑧ 鹽巴 ⋯⋯⋯⋯⋯⋯ 1/4 茶匙

⑨ 糖 ⋯⋯⋯⋯⋯⋯⋯ 1/4 茶匙
⑩ 醬油 ⋯⋯⋯⋯⋯⋯ 1/4 茶匙
⑪ 油 ⋯⋯⋯⋯⋯⋯⋯⋯ 1 茶匙
⑫ 料理酒 ⋯⋯⋯⋯⋯⋯ 1 茶匙

調味料 Seasoning

⑬ 特調醬油 ⋯⋯⋯⋯⋯ 1 大匙
⑭ 油 ⋯⋯⋯⋯⋯⋯⋯⋯ 1 茶匙

步驟 STEP BY STEP

01　白米洗淨泡水 15 分鐘瀝乾，放至砂鍋內，加 1/2 茶匙油攪拌，再加入 2 量杯清水，加蓋，開大火煮滾，轉小火煮至起小泡泡。

02　薑切絲；豬柳里肌洗淨切片；梅干菜洗淨瀝乾水分，切碎。

03　將作法 2 材料，加入醃料抓拌後，醃約 15 分鐘。

04　在米飯上放入醃好的材料放，沿著砂鍋邊內淋入 1/2 茶匙油，加蓋小火煮 15 分鐘。

05　打開鍋蓋，淋入特調醬油，攪拌材料跟米飯後，加蓋小火煮約 5 分鐘，即可享用。

榨菜肉筋煲仔飯

廣東話中，煲是指鍋子，仔是小的意思，所以「煲仔飯」，就是用小鍋子煮出來的飯。這小鍋煮出來的飯，除了材料鮮美之外，晶瑩剔透的米飯，也是一大學問，做法上先以大火煮熟米粒，再轉以小火將水分收乾；至於如何做出顏色金黃的香鍋巴，就要考驗烹飪的功力了，老練的廚師會一直轉動砂鍋，讓鍋內米飯均勻受熱，雖然比較累，但是等到又香又金黃的鍋巴入口，嗯，一切辛苦皆值得。

材料 INGREDIENTS

① 白米	1 量杯（約 150 公克）	⑨ 鹽巴	1/4 茶匙
② 清水	2 量杯	⑩ 糖	1/4 茶匙
③ 豬肉筋	130 公克	⑪ 醬油	1/4 茶匙
④ 榨菜	4 片	⑫ 油	1 茶匙
⑤ 蔥	4 棵	⑬ 料理酒	1/2 茶匙
⑥ 薑	2 片		

調味料 Seasoning

醃料 Marinade

⑦ 太白粉	1/2 茶匙	⑭ 特調醬油	1 大匙
⑧ 清水	2 茶匙	⑮ 油	1 茶匙

步驟 STEP BY STEP

01　白米洗淨泡水 15 分鐘瀝乾，放至砂鍋內，加 1/2 茶匙油攪拌，再加入 2 量杯清水，加蓋，開大火煮滾，轉小火煮至起小泡泡。

02　榨菜切片；蔥洗淨切段；薑切絲；豬肉筋洗淨切成兩指寬。

03　將豬肉筋、榨菜片、蔥段、薑絲，加入醃料，醃 15 分鐘。

04　放入醃好的材料，沿著鍋邊加入 1/2 茶匙油，加蓋小火煮 15 分鐘。

05　打開鍋蓋，淋入特調醬油，攪拌材料和米飯後，加蓋小火煮約 5 分鐘，即可享用。

鹹蛋冬菜肉餅煲仔飯

在過去農業社會，許多媽媽會事先做好冬菜存放，用來烹煮各類菜餚供家人食用，這是一道家庭口味的煲仔飯，利用簡單的材料，冬菜加上鹹蛋與絞肉，做出樸實的肉餅，價廉卻十分美味，現在冬菜還可以買市售現成的，十分方便。

材料 INGREDIENTS

① 白米 ⋯⋯⋯⋯ 1 量杯（約 150 公克）
② 清水 ⋯⋯⋯⋯⋯⋯⋯⋯ 2 量杯
③ 生鹹蛋 ⋯⋯⋯⋯⋯⋯⋯ 1 顆
④ 絞肉 ⋯⋯⋯⋯⋯⋯⋯ 130 公克
⑤ 冬菜 ⋯⋯⋯⋯⋯⋯⋯ 10 公克

醃料 Marinade

⑥ 太白粉 ⋯⋯⋯⋯⋯⋯⋯ 1 茶匙
⑦ 清水 ⋯⋯⋯⋯⋯⋯⋯⋯ 2 茶匙
⑧ 鹽巴 ⋯⋯⋯⋯⋯⋯⋯ 1/4 茶匙

⑨ 糖 ⋯⋯⋯⋯⋯⋯⋯⋯ 1/4 茶匙
⑩ 醬油 ⋯⋯⋯⋯⋯⋯⋯ 1/4 茶匙
⑪ 油 ⋯⋯⋯⋯⋯⋯⋯⋯⋯ 1 茶匙

調味料 Seasoning

⑫ 特調醬油 ⋯⋯⋯⋯⋯⋯ 1 大匙
⑬ 油 ⋯⋯⋯⋯⋯⋯⋯⋯⋯ 1 茶匙

步驟 STEP BY STEP

01 白米洗淨泡水 15 分鐘瀝乾，放至砂鍋內，加 1/2 茶匙油攪拌，再加入 2 量杯清水，加蓋，開大火煮滾，轉小火煮至起小泡泡。

02 絞肉和冬菜用醃料，醃 15 分鐘，用手拍打數 10 下；生鹹蛋備用。

03 將拍打好的冬菜肉餅放在米飯上，再放上生鹹蛋，沿著鍋邊內淋入 1/2 茶匙油，加蓋小火煮 15 分鐘。

04 打開鍋蓋，淋入特調醬油，攪拌材料和米飯後，加蓋小火煮約 5 分鐘，即可享用。

窩蛋牛肉煲仔飯

這道窩蛋牛肉煲仔飯，蛋是最後才打在牛肉餅上，形成好看的圖案，吃的時候用筷子將蛋撥攪一下，使蛋液和肉餅與米飯混合，食用起來別有一番風味。

① 白米 .... 1 量杯（約 150 公克）
② 水 .... 2 量杯
③ 牛絞肉 .... 130 公克
④ 生雞蛋 .... 1 顆

醃料 Marinade

⑤ 太白粉 .... 1/2 茶匙
⑥ 水 .... 1/2 茶匙
⑦ 鹽巴 .... 1/4 茶匙
⑧ 糖 .... 1/4 茶匙

⑨ 醬油 .... 1/4 茶匙
⑩ 油 .... 1/2 茶匙

調味料 Seasoning

⑪ 特調醬油 .... 1 大匙
⑫ 油 .... 1 茶匙

01 白米洗淨泡水 15 分鐘瀝乾，放至砂鍋內，加 1/2 茶匙油攪拌，再放入 2 量杯清水，加蓋，開大火煮滾，轉小火煮至起小泡泡。

02 牛絞肉用醃料醃 15 分鐘，用手拍打至肉餅狀。

03 打開鍋蓋，將牛肉餅布置在米飯上，沿著砂鍋邊內淋入 1/2 茶匙油，加蓋小火煮 15 分鐘。

04 打開鍋蓋，淋入特調醬油，暫取出牛肉餅，攪拌米飯後，放回牛肉餅，並將生雞蛋打在牛肉餅上後，加蓋小火煮 5 分鐘，即可享用。

MEAT

（ 肉類 ）

榨菜牛肉煲仔飯

砂鍋經過長時間高溫燒烤，很容易產生裂痕，想延長砂鍋壽命可以在第一次使用前先用砂鍋煮粥，讓砂鍋氣孔吸收米湯，或者在使用前抹層油，效果也不錯。香港砂鍋外圍的鐵線就是為了避免砂鍋受到熱漲冷縮影響的獨特設計，自然又比一般砂鍋耐用。

材料
INGREDIENTS

① 白米	1 量杯（約 150 公克）	⑨ 糖	1/4 茶匙
② 水	2 量杯	⑩ 醬油	1/4 茶匙
③ 牛肉	130 公克	⑪ 蛋黃	1/2 顆
④ 榨菜	30 公克	⑫ 油	1 茶匙
⑤ 蔥白	少許	⑬ 料理酒	1/2 茶匙

醃料 Marinade

⑥ 太白粉	1/2 茶匙
⑦ 水	40 公克
⑧ 鹽巴	1/4 茶匙

調味料 Seasoning

⑭ 特調醬油	1 大匙
⑮ 油	1 茶匙

步驟
STEP BY STEP

01 白米洗淨泡水 15 分鐘瀝乾，放至砂鍋內，加 1/2 茶匙油攪拌，再放入 2 量杯清水，加蓋，開大火煮滾，轉小火煮至起小泡泡。

02 牛肉洗淨，切薄片加入 2 大匙清水拍打至牛肉吸乾水分，再放醃料同醃 15 分鐘；榨菜洗淨切薄片；蔥白切段，備用。

03 打開鍋蓋，將牛肉片及榨菜放在米飯上，沿著砂鍋邊淋入 1/2 茶匙油，加蓋小火煮 15 分鐘。

04 打開鍋蓋，淋入特調醬油，攪拌米飯後，加入蔥白段，加蓋小火煮約 5 分鐘，即可享用。

家鄉肉青江菜煲仔飯

家鄉肉就是鹹肉，在過去農業時代，家家戶戶都會自製鹹肉過冬，這道煲仔飯材料十分平民，鹹肉的鹹香味加上青江菜，一頓飯就輕易解決了。

材料 INGREDIENTS

① 白米 .... 1 量杯（約 150 公克）
② 清水 .... 2 量杯
③ 鹹肉 .... 50 公克
④ 青江菜 .... 3 棵

調味料 Seasoning

⑤ 油 .... 1 茶匙
⑥ 豬油 .... 少許

步驟 STEP BY STEP

01　白米洗淨泡水 15 分鐘瀝乾，放至砂鍋內，加 1/2 茶匙油攪拌，再放入 2 量杯清水，加蓋，開大火煮滾，轉小火煮至起小泡泡。

02　鹹肉洗淨切碎，放在米飯上，沿著鍋邊內加入 1/2 茶匙油，加蓋小火煮約 15 分鐘。

03　打開鍋蓋，加入少許豬油，攪拌其他材料與米飯後，加蓋小火煮約 5 分鐘。

04　將青江菜洗淨後，用熱水稍微川燙切碎，加入煲仔飯即可享用。

瑤柱香芋煲仔飯

瑤柱就是干貝，烹煮後香味四溢，芋頭口感綿密，也有獨特香，兩種配在一起做煲仔飯，除了美味，更是吃進口口香。

材料 INGREDIENTS

① 白米 .... 1 量杯（約 150 公克）
② 清水 .... 2 量杯
③ 干貝 .... 3 粒
④ 芋頭 .... 100 公克
⑤ 芋茸 .... 少許

調味料 Seasoning

⑥ 特調醬油 .... 1 大匙
⑦ 油 .... 1 茶匙
⑧ 豬油 .... 1/2 大匙

步驟 STEP BY STEP

01　白米洗淨泡水 15 分鐘瀝乾，放至砂鍋內，加 1/2 茶匙油攪拌，再放入 2 量杯清水，加蓋，開大火煮滾，轉小火煮至起小泡泡。

02　干貝泡熱水撕開；芋頭切粒，用油炸至金黃色備用。

03　加入干貝，炸好之芋頭粒、芋茸，沿鍋邊加入 1/2 茶匙油與 1/2 茶匙豬油，加蓋小火煮約 20 分鐘。

04　打開鍋蓋，淋入特調醬油，攪拌米飯，加蓋小火煮約 5 分鐘，即可享用。

馬蹄冬菇章魚肉餅煲仔飯

馬蹄就是荸薺，營養成分豐富，不但促進生長發育，對於養顏美容也有良好助益。

這道煲仔飯可說是內含山珍海味，做成肉餅不但好入口，一次吃進多種營養，美味當然也是滿點，是道男女老少皆宜的家庭口味。

材料 INGREDIENTS

① 白米	1 量杯（約 150 公克）
② 清水	2 量杯
③ 馬蹄	2 粒
④ 冬菇	2 朵
⑤ 章魚	20 公克
⑥ 豬絞肉	150 公克
⑦ 青菜	2 棵

醃料 Marinade

⑧ 太白粉	1/2 茶匙
⑨ 清水	2 茶匙

⑩ 鹽巴	1/4 茶匙
⑪ 糖	1/4 茶匙
⑫ 醬油	1/4 茶匙
⑬ 油	1 茶匙

調味料 Seasoning

⑭ 特調醬油	1 大匙
⑮ 油	1 茶匙

步驟 STEP BY STEP

01　白米洗淨泡水 15 分鐘瀝乾，放至砂鍋內，加 1/2 茶匙油攪拌，再加入 2 量杯清水，加蓋，開大火煮滾，轉小火煮至起小泡泡。

02　馬蹄洗淨拍碎；冬菇泡發，洗淨、切粒；章魚泡軟切粒。

03　將作法 2 的材料、豬絞肉，加入醃料醃 15 分鐘後，用手拍打數十次備用。

04　將拍打好的肉餅，放入米飯上，沿著砂鍋邊內淋入 1/2 茶匙油，加蓋小火煮 15 分鐘。

05　打開鍋蓋，淋入特調醬油，暫時取出肉餅，攪拌米飯後放回肉餅，加蓋小火煮約 5 分鐘。

06　將青菜洗淨後，用熱水稍微川燙，加入煲仔飯即可享用。

北菇雞球煲仔飯

北菇比一般的香菇來得肥厚，香氣也較濃，和雞肉一起烹煮，味道特別適合。

材料 INGREDIENTS

① 白米	1 量杯（約 150 公克）		⑨ 鹽巴	1/4 茶匙
② 清水	2 量杯		⑩ 糖	1/4 茶匙
③ 冬菇	2 朵		⑪ 醬油	1/4 茶匙
④ 雞腿	1 隻		⑫ 油	1/2 茶匙
⑤ 蔥	4 段		⑬ 料理酒	1/2 茶匙
⑥ 薑	4 片			

醃料 Marinade

⑦ 太白粉	1/2 茶匙
⑧ 清水	1 茶匙

調味料 Seasoning

⑭ 特調醬油	1 大匙
⑮ 油	1 茶匙

步驟 STEP BY STEP

01　白米洗淨泡水 15 分鐘瀝乾，放至砂鍋內，加 1/2 茶匙油攪拌，再放入 2 量杯清水，加蓋，開大火煮滾，轉小火煮至起小泡泡。

02　薑切片；蔥洗淨切段；雞腿洗淨去骨切成大姆指大小的塊狀；冬菇泡軟對切。

03　將作法 2 的材料，加入醃料醃約 15 分鐘。

04　將雞腿肉塊及冬菇放入米飯上，沿著砂鍋邊內淋入 1/2 茶匙油，加蓋小火煮 15 分鐘。

05　打開鍋蓋，淋入特調醬油，攪拌其他材料與米飯，加蓋小火煮約 5 分鐘，即可享用。

蒜茸豉汁雞骨煲仔飯

這道煲仔飯較鼓汁蒜茸排骨煲仔飯多加了雞腿來煲，一鍋飯中，可以吃到兩種的肉類，十分豪氣！

材料 INGREDIENTS

	材料	份量
①	白米	1 量杯（約 150 公克）
②	清水	2 量杯
③	排骨	70 公克
④	雞腿	1 隻
⑤	蔥	4 段
⑥	薑	4 段
⑦	蒜茸	少許
⑧	豆鼓	少許
⑪	鹽巴	1/4 茶匙
⑫	糖	1/4 茶匙
⑬	醬油	1/4 茶匙
⑭	油	1 茶匙
⑮	料理酒	1/2 茶匙

醃料 Marinade

⑨	太白粉	1/2 茶匙
⑩	清水	1 茶匙

調味料 Seasoning

⑯	特調醬油	1 大匙
⑰	油	1 茶匙

步驟 STEP BY STEP

01　白米洗淨泡水 15 分鐘瀝乾，放至砂鍋內，加 1/2 茶匙油攪拌，再放入 2 量杯清水，加蓋，開大火煮滾，轉小火煮至起小泡泡。

02　薑切片；蔥洗淨切段。

03　排骨洗淨剁至拇指大小的塊狀；雞腿洗淨切至拇指大小的塊狀。

04　將排骨塊、雞腿塊用醃料醃 15 分鐘後，再拌入蔥段、蒜茸、薑片、豆鼓。

05　將所有材料放在米飯上，沿著鍋邊淋入 1/2 茶匙油，加蓋小火煮 15 分鐘。

06　打開鍋蓋，淋入特調醬油，攪拌其他材料與米飯，加蓋小火煮約 5 分鐘，即可享用。

豉汁蒜茸排骨煲仔飯

打開鍋蓋，看見滿滿的排骨透著蒜茸和豆鼓香氣，適合愛吃肉的老饕大快朵頤。

材料 INGREDIENTS

① 白米 ⋯⋯⋯⋯ 1 量杯（約 150 公克）
② 清水 ⋯⋯⋯⋯⋯⋯⋯⋯⋯⋯ 2 量杯
③ 排骨 ⋯⋯⋯⋯⋯⋯⋯⋯⋯ 150 公克
④ 蒜茸 ⋯⋯⋯⋯⋯⋯⋯⋯⋯⋯ 少許
⑤ 豆鼓 ⋯⋯⋯⋯⋯⋯⋯⋯⋯⋯ 少許
⑥ 紅椒 ⋯⋯⋯⋯⋯⋯⋯⋯⋯⋯ 少許

醃料 Marinade

⑦ 太白粉 ⋯⋯⋯⋯⋯⋯⋯ 1/2 茶匙
⑧ 清水 ⋯⋯⋯⋯⋯⋯⋯⋯⋯ 1 茶匙

⑨ 鹽巴 ⋯⋯⋯⋯⋯⋯⋯⋯ 1/4 茶匙
⑩ 糖 ⋯⋯⋯⋯⋯⋯⋯⋯⋯ 1/4 茶匙
⑪ 醬油 ⋯⋯⋯⋯⋯⋯⋯⋯ 1/4 茶匙
⑫ 油 ⋯⋯⋯⋯⋯⋯⋯⋯⋯⋯ 1 茶匙
⑬ 料理酒 ⋯⋯⋯⋯⋯⋯⋯ 1/2 茶匙

調味料 Seasoning

⑭ 特調醬油 ⋯⋯⋯⋯⋯⋯⋯ 1 大匙
⑮ 油 ⋯⋯⋯⋯⋯⋯⋯⋯⋯⋯ 1 茶匙

步驟 STEP BY STEP

01 白米洗淨泡水 15 分鐘瀝乾，放至砂鍋內，加 1/2 茶匙油攪拌，再加入 2 量杯清水，加蓋，開大火煮滾，轉小火煮至起小泡泡。

02 排骨洗淨剁成拇指大小的塊狀；豆鼓拍爛。

03 將作法 2 的材料，加入蒜茸、紅椒、醃料，醃 15 分鐘。

04 將醃好的排骨放入米飯上，沿著砂鍋邊內淋入 1/2 茶匙油，加蓋小火煮 15 分鐘。

05 打開鍋蓋，淋入特調醬油，暫取出排骨塊，攪拌其他材料與米飯後，放回排骨塊，加蓋小火煮約 5 分鐘，即可享用。

蠔士冬菇肉絲煲仔飯

蠔士就是指乾蚵，肉質肥厚結實，有特殊的香氣。

材料 INGREDIENTS

① 白米 .... 1 量杯（約 150 公克）
② 清水 .... 2 量杯
③ 蠔士 .... 3 隻
④ 冬菇 .... 2 朵
⑤ 雪花肉 .... 120 公克
⑥ 蔥 .... 少許
⑦ 薑 .... 少許

醃料 Marinade

⑧ 太白粉 .... 1/2 茶匙
⑨ 清水 .... 1 茶匙

⑩ 鹽巴 .... 1/4 茶匙
⑪ 糖 .... 1/4 茶匙
⑫ 醬油 .... 1/4 茶匙
⑬ 油 .... 1 茶匙
⑭ 料理酒 .... 1 茶匙

調味料 Seasoning

⑮ 特調醬油 .... 1 大匙
⑯ 油 .... 1 茶匙

步驟 STEP BY STEP

01 白米洗淨泡水 15 分鐘瀝乾，放至砂鍋內，加 1/2 茶匙油攪拌，再放入 2 量杯清水，加蓋，開大火煮滾，轉小火煮至起小泡泡。

02 薑切絲；蔥洗淨切絲。

03 蠔士用熱水泡軟切絲；冬菇用熱水泡軟切絲；雪花肉切絲。

04 將作法 3 的材料，加入薑絲、醃料，醃 20 分鐘。

05 將所有材料用少許油爆炒後，放在米飯上，沿鍋邊內加入 1/2 茶匙油，加蓋煮 15 分鐘。

06 打開鍋蓋，淋入特調醬油，攪拌其他材料與米飯，加蓋小火煮約 5 分鐘後，放上蔥絲，即可享用。

北菇田雞腿煲仔飯

田雞，就是青蛙，因為味道鮮嫩似雞肉，故稱田雞。田雞的生命力強，性溫和，富生肌補血之功效，因此早期農家常常在田裡捕捉田雞，烹煮給產婦坐月子補充營養或是為病人調理身體之用。這是一道營養價值非常高的料理，配上北菇更添香氣與營養，蔥白與薑片除了增色，也有去腥作用。

材料 INGREDIENTS

① 白米　　　　1 量杯（約 150 公克）
② 水　　　　　　　　　　2 量杯
③ 田雞腿　　　　　　　　　4 隻
④ 北菇　　　　　　　　　　2 朵
⑤ 蔥白　　　　　　　　　　1 條
⑥ 薑　　　　　　　　　　　3 片
⑦ 青菜　　　　　　　　　　2 棵

醃料 Marinade

⑧ 太白粉　　　　　　　1/2 茶匙
⑨ 水　　　　　　　　　1/2 茶匙

⑩ 鹽巴　　　　　　　　1/4 茶匙
⑪ 糖　　　　　　　　　1/4 茶匙
⑫ 酒　　　　　　　　　1/4 茶匙
⑬ 醬油　　　　　　　　1/4 茶匙
⑭ 油　　　　　　　　　1/2 茶匙
⑮ 料理酒　　　　　　　1/2 茶匙

調味料 Seasoning

⑯ 特調醬油　　　　　　　1 大匙
⑰ 油　　　　　　　　　　1 茶匙

步驟 STEP BY STEP

01　白米洗淨泡水 15 分鐘瀝乾，放至砂鍋內，加 1/2 茶匙油攪拌，再加入 2 量杯清水，加蓋，開大火煮滾，轉小火煮至起小泡泡。

02　薑切片；蔥白洗淨切段；北菇用熱水泡軟切成 4 片；田雞腿洗淨切成拇指大小的塊狀。

03　將作法 2 的材料，加入醃料，醃 15 分鐘。

04　打開鍋蓋，把醃好的材料放在米飯上，沿著砂鍋邊內淋入 1/2 茶匙油，加蓋煮 15 分鐘。

05　打開鍋蓋，淋入特調醬油，攪拌其他材料與米飯，加蓋小火煮約 5 分鐘，即可享用。

06　將青菜洗淨後，用熱水稍微川燙，加入煲仔飯即可享用。

鹹魚排骨煲仔飯

煲仔飯除了肉類材料外，可以加上綠色蔬菜，除了增色之外也兼顧營養，可以選用新鮮的青江菜，先將菜川燙至熟後，等飯煲好後再放入鍋中稍微悶一下，菜葉不會黃爛，吃起來也較為爽口。

鹹魚的香味濃厚，使這道煲仔飯香氣更為誘人，也可以將鹹魚去骨切丁炒成金黃色，做成鹹魚排骨煲仔飯，食用起來更易入口。

材料 INGREDIENTS

① 白米	1 量杯（約 150 公克）
② 水	2 量杯
③ 肋排骨	150 公克
④ 鹹魚	30 公克
⑤ 蔥白	3 小段
⑥ 紅辣椒	少許
⑦ 青菜	2 棵

醃料 Marinade

| ⑧ 太白粉 | 1/2 茶匙 |
| ⑨ 水 | 1/2 少許 |

⑩ 鹽巴	1/4 茶匙
⑪ 糖	1/4 茶匙
⑫ 酒	1/4 茶匙
⑬ 醬油	1/4 茶匙
⑭ 油	1/2 茶匙
⑮ 料理酒	1/2 茶匙

調味料 Seasoning

| ⑯ 特調醬油 | 1 大匙 |
| ⑰ 油 | 1 茶匙 |

步驟 STEP BY STEP

01　白米洗淨泡水 15 分鐘瀝乾，放至砂鍋內，加 1/2 茶匙油攪拌，再加入 2 量杯清水，加蓋，開大火煮滾，轉小火煮至起小泡泡。

02　排骨洗淨剁至拇指大小的塊狀，加入蔥白段、醃料抓拌後，醃約 15 分鐘；鹹魚用少許油煎至表面呈金黃色；紅辣椒切絲；蔥白洗淨切段。

03　打開鍋蓋，加入醃好的排骨、鹹魚，沿著砂鍋邊內淋上 1/2 茶匙油，加蓋煮 15 分鐘。

04　打開鍋蓋，取出鹹魚，淋入特調醬油，攪拌其他材料與米飯，放回鹹魚，加蓋小火煮約 5 分鐘，即可享用。

05　將青菜洗淨後，用熱水稍微川燙，放上煲仔飯上後，撒上少許紅辣椒絲點綴即可享用。

鹹魚臘腸肉餅煲仔飯

「煲仔飯」最重要的就是控制火候，這種烹調方法就是把生米鋪在砂鍋中煮，待米飯八分熟，再把生鮮食材放進去燜，先強後弱的火候，能讓米飯粒粒分明且吃出食材香。事先把米泡水雖然能夠縮短煲飯的時間，但是，這樣煮出來的飯嚼勁明顯軟爛，所以，愛吃煲飯的人得多花些時間耐心等。

材料 INGREDIENTS

① 白米	1 量杯（約 150 公克）	⑨ 水	1/2 茶匙
② 水	2 量杯	⑩ 鹽巴	1/4 茶匙
③ 鹹魚	30 公克	⑪ 糖	1/4 茶匙
④ 臘腸	1/2 條	⑫ 酒	1/4 茶匙
⑤ 豬絞肉	120 公克	⑬ 醬油	1/4 茶匙
⑥ 薑片	2 片	⑭ 油	1/2 茶匙
⑦ 青菜	2 棵		

醃料 Marinade

⑧ 太白粉 ...... 1/2 茶匙

調味料 Seasoning

⑮ 特調醬油 ...... 1 大匙

⑯ 油 ...... 1 茶匙

步驟 STEP BY STEP

01 白米洗淨泡水 15 分鐘瀝乾，放至砂鍋內，加入 1/2 茶匙油攪拌，再放入 2 量杯清水，加蓋，開大火煮滾，轉小火煮至起小泡泡。

02 臘腸洗淨、切小丁，加入豬絞肉、醃料抓拌後，打至成肉餅；薑片切絲；鹹魚用少許油煎至表面呈金黃色。

03 飯打開鍋蓋把肉餅佈放在米飯上，再把鹹魚放在肉上，放入薑絲，沿著砂鍋邊內淋入 1/2 茶匙油，加蓋小火煮約 15 分鐘。

04 打開鍋蓋，取出鹹魚，淋入特調醬油，攪拌其他材料與米飯，放回鹹魚，加蓋小火煮約 5 分鐘，即可享用。

05 將青菜洗淨後，用熱水稍微川燙，加入煲仔飯即可享用。

鹹魚雞粒煲仔飯

鹹魚味道濃厚，且有特殊的香味，所以用鹹魚來做煲仔飯的材料，可以增加香氣，開鍋時，不禁使人胃口大開，一整鍋煲仔飯，一下子就通通吃光了。也可以將鹹魚去骨切丁來做，別有一番滋味。

材料 INGREDIENTS

① 白米	1 量杯（約 150 公克）	⑨ 鹽巴	1/4 茶匙
② 水	2 量杯	⑩ 糖	1/4 茶匙
③ 鹹魚	110 公克	⑪ 醬油	1/4 茶匙
④ 雞腿	1 隻	⑫ 油	1/2 茶匙
⑤ 薑	少許	⑬ 料理酒	1/2 茶匙
⑥ 青菜	2 棵		

醃料 Marinade

⑦ 太白粉	1/2 茶匙
⑧ 水	1/2 茶匙

調味料 Seasoning

⑭ 特調醬油	1 大匙
⑮ 油	1 茶匙

步驟 STEP BY STEP

01 白米洗淨泡水 15 分鐘瀝乾，放至砂鍋內，加 1/2 茶匙油攪拌，再放入 2 量杯清水，加蓋，開大火煮滾，轉小火煮至起小泡泡。

02 薑切絲；鹹魚用少許油煎至表面呈金黃色；雞腿去骨切丁後，加入醃料，醃約 15 分鐘。

03 打開鍋蓋，把雞腿肉丁放在米飯上，再放上鹹魚，加入薑絲，沿著砂鍋邊內淋入 1/2 茶匙油，加蓋小火煮 15 分鐘。

04 打開鍋蓋，取出鹹魚，淋入特調醬油，攪拌其他材料與米飯，放回鹹魚，加蓋小火煮約 5 分鐘，即可享用。

05 將青菜洗淨後，用熱水稍微川燙，加入煲仔飯即可享用。

鹹魚雪花肉煲仔飯

這裡的雪花肉，指的是豬的頸部，因為形狀顏色雪白，香港俗稱雪花肉，肉質細緻。加鹹魚有增香之用。

材料 INGREDIENTS

① 白米	1 量杯（約 150 公克）		⑨ 鹽巴	1/4 茶匙	
② 清水	2 量杯		⑩ 糖	1/4 茶匙	
③ 鹹魚	1 件		⑪ 醬油	1/4 茶匙	
④ 豬頸肉	130 公克		⑫ 油	1 茶匙	
⑤ 薑	少許		⑬ 料理酒	1 茶匙	
⑥ 蔥	少許				

醃料 Marinade

⑦ 太白粉	1/2 茶匙
⑧ 清水	1 茶匙

調味料 Seasoning

⑭ 特調醬油	1 大匙
⑮ 油	1 茶匙

步驟 STEP BY STEP

01 白米洗淨泡水 15 分鐘瀝乾，放至砂鍋內，加 1/2 茶匙油攪拌，再放入 2 量杯清水，加蓋，開大火煮滾，轉小火煮至起小泡泡。

02 薑切片；蔥切段；豬頸肉切片洗淨後，加入醃料，醃 15 分鐘；鹹魚洗淨備用。

03 打開鍋蓋，放入醃好的豬頸肉和鹹魚、蔥段、薑片，沿著砂鍋邊內淋入 1/2 茶匙油，加蓋小火煮 15 分鐘。

04 打開鍋蓋，取出豬頸肉和鹹魚，淋入特調醬油，攪拌米飯，放回豬頸肉和鹹魚，加蓋小火煮約 5 分鐘，即可享用。

蒜茸蝦球煲仔飯

這道煲仔飯視覺上十分美麗，明蝦的色澤明亮，口感紮實，配上青蔬的鮮綠，可說是煲仔飯中的貴族。

材料 INGREDIENTS

① 白米 ……… 1 量杯（約 150 公克）
② 清水 ……………………… 2 量杯
③ 明蝦 ……………………… 2 隻
④ 蒜茸 ……………………… 15 公克
⑤ 青菜 ……………………… 2 棵

醃料 Marinade

⑥ 太白粉 …………………… 1/2 茶匙
⑦ 清水 ……………………… 1 茶匙
⑧ 鹽巴 ……………………… 1/4 茶匙

⑨ 糖 ………………………… 1/4 茶匙
⑩ 醬油 ……………………… 1/4 茶匙
⑪ 油 ………………………… 1 茶匙

調味料 Seasoning

⑫ 特調醬油 ………………… 1 大匙
⑬ 油 ………………………… 1 茶匙

步驟 STEP BY STEP

01　白米洗淨泡水 15 分鐘瀝乾，放至砂鍋內，加 1/2 茶匙油攪拌，再放入 2 量杯清水，加蓋，開大火煮滾，轉小火煮至起小泡泡。

02　明蝦去殼去沙腸洗淨，瀝乾；蒜茸用少許油焗至金黃色後，與明蝦加入醃料，醃約 5 分鐘。

03　將明蝦放入米飯上，沿鍋邊內加入 1/2 茶匙油，加蓋小火煮 15 分鐘，淋入特調醬油，攪拌其他材料與米飯。

04　將青菜洗淨後，用熱水稍微川燙，加入煲仔飯即可享用。

黃鱔薑米煲仔飯

黃鱔和俗稱鰻魚的白鱔不同，它的身體較圓，背部有圓點，有補血的功效。薑米則是用老薑切成像米一樣的細末，幫助增香入味，還可以驅風驅寒，適合天冷的冬天暖身子用；這道黃鱔薑米煲仔飯，在天冷寒流來臨的時候，吃上一碗，寒氣全消！

① 白米　　　　1 量杯（約 150 公克）
② 水　　　　　　　　　　2 量杯
③ 黃鱔魚　　　　　　200 公克
④ 薑米　　　　　　　　20 公克
⑤ 蔥　　　　　　　　　　少許

醃料 Marinade

⑥ 太白粉　　　　　　　1/2 茶匙
⑦ 水　　　　　　　　　1/2 茶匙
⑧ 鹽巴　　　　　　　　1/4 茶匙

⑨ 糖　　　　　　　　　1/4 茶匙
⑩ 醬油　　　　　　　　1/4 茶匙
⑪ 油　　　　　　　　　1/2 茶匙
⑫ 料理酒　　　　　　　1/2 茶匙

調味料 Seasoning

⑬ 特調醬油　　　　　　1 大匙
⑭ 油　　　　　　　　　1 茶匙

01　白米洗淨泡水 15 分鐘瀝乾，放至砂鍋內，加 1/2 茶匙油攪拌，再放入 2 量杯清水，加蓋，開大火煮滾，轉小火煮至起小泡泡。

02　蔥洗淨切蔥花；黃鱔魚去骨洗淨切成拇指大小的塊狀，用所有醃料，醃約 15 分鐘，加入薑米。

03　打開鍋蓋，把黃鱔魚塊放在米飯上，沿著砂鍋邊內淋入 1/2 茶匙油，加蓋小火煮約 15 分鐘。

04　打開鍋蓋，淋入特調醬油，攪拌其他材料與米飯，加蓋小火煮約 5 分鐘，放上蔥花，即可享用。

金華火腿石斑煲仔飯

石斑魚肉質鮮美，口感獨特，加上薑片可去腥；金華火腿的美味遠近馳名，又有豐厚的香味，十分適合來做煲仔飯，切成小丁的火腿點綴在石斑魚雪白的魚肉上，更添粉嫩之感；蔬菜更使營養滿點，色澤更豐富。

材料 INGREDIENTS

① 白米	1 量杯（約 150 公克）		⑨ 鹽巴	1/4 茶匙
② 清水	2 量杯		⑩ 糖	1/4 茶匙
③ 石斑魚	150 公克		⑪ 醬油	1/4 茶匙
④ 金華火腿	20 公克		⑫ 油	1 茶匙
⑤ 薑	4 片		⑬ 料理酒	1/2 茶匙
⑥ 青菜	2 棵			

醃料 Marinade

⑦ 太白粉 .... 1 茶匙
⑧ 清水 .... 2 茶匙

調味料 Seasoning

⑭ 特調醬油 .... 1 大匙
⑮ 油 .... 1 茶匙

步驟 STEP BY STEP

01 白米洗淨泡水 15 分鐘瀝乾，放至砂鍋內，加 1/2 茶匙油攪拌，再加入 2 量杯清水，加蓋，開大火煮滾，轉小火煮至起小泡泡。

02 薑切片；石斑魚洗淨去骨，切成兩拇指大小的塊狀後，加入醃料、薑片，醃 15 分鐘；金華火腿洗淨切碎備用。

03 打開鍋蓋，放入醃好的石斑肉，灑上金華火腿碎，沿著砂鍋邊內淋入 1/2 茶匙油，加蓋小火煮 15 分鐘。

04 打開鍋蓋，淋入特調醬油，攪拌其他材料與米飯，加蓋小火煮約 5 分鐘。

05 將青菜洗淨後，用熱水稍微川燙，加入煲仔飯即可享用。

煲湯類

煲湯類
烹調手法

Soup Cooking Techniques

　　煲湯是指將燙除血汙的肉類或龍骨，連同其他輔料一起放入砂鍋中，加入足夠的清水，大火煮開後，以小火長時間的燉煮。在書中我統一用 3 公升的清水，因為煲湯最少要一小時，時間長大約要二小時以上，在煲的過程中，水分會蒸發，扣除這些煲出來的湯，剛好夠一家四口來飲湯。煲湯能夠保留食材的鮮甜，湯色也清。

鹹菜鮮筍煲湯

魚、菜類
FISH, VEGETABLE

材料 INGREDIENTS

① 鹹菜 .... 500 公克
② 鮮筍肉 .... 800 公克
③ 薑 .... 50 公克
④ 清水 .... 3 公升

調味料 Seasoning

⑤ 鹽巴 .... 少許

步驟 STEP BY STEP

01 鹹菜洗淨切段；鮮筍切筍角。

02 在大砂鍋中加入 3 公升的清水，加入鹹菜段、鮮筍角煲 1.5 小時。

03 最後，加入少許鹽巴調味，即可享用。

TIPS

這是一道屬於上海菜式的湯，因為鮮筍的口感，嚐起來十分鮮甜。

蘋果龍骨陳皮煲生魚

這道湯品有清熱的功效，適合夏天飲用。

龍骨就是尾椎下方的骨頭，有帶肉口感軟嫩，適合煲湯，並可增添湯的肉香。

生魚即是鱧魚，可生肌，味道爽口。

用熱水沖去煎過的生魚，可去除油脂，煲出的湯才會清澈不帶油膩。

蘋果可增加香氣，十分適合煲湯。

魚、菜類
FISH, VEGETABLE

①	蘋果	4 個
②	龍骨	600 公克
③	陳皮	少許
④	老薑	50 公克
⑤	生魚	1 條
⑥	油	少許
⑦	清水	3 公升

調味料 Seasoning

⑧	鹽巴	少許

步驟 STEP BY STEP

01　蘋果洗淨，一開四片，去籽、泡冷水備用。

02　龍骨洗淨，用熱水以大火煮去血水後，再以冷水沖洗乾淨。

03　生魚去鱗去脂洗淨，熱鍋後，加入少許油將魚的表面煎至金黃後，用熱水沖去魚身上的油。

04　將所有食材、陳皮、老薑洗淨後，放入大砂鍋中，加入 3 公升的清水，大火煮至滾。

05　轉小火煲 3 小時，關火。

06　關火，加入少許鹽巴調味，即可享用。

西洋菜煲生魚

這道湯有清熱的功效。
西洋菜一年四季都有，即是豆瓣菜
龍骨上帶的肉不肥，煲起來湯帶有肉味才香。

魚、菜類
FISH, VEGETABLE

① 西洋菜 .... 1.2 公斤
② 生魚 .... 1 條
③ 龍骨 .... 600 公克
④ 老薑 .... 100 公克
⑤ 陳皮 .... 少許
⑥ 清水 .... 3 公升

調味料 Seasoning

⑦ 鹽巴 .... 少許

01 西洋菜洗淨，切成三段；陳皮、老薑洗淨。

02 生魚去鱗、去脂、洗淨，熱鍋後，加入少許油，將魚的表面煎至金黃後，用熱水沖去魚身上的油。

03 龍骨用熱水以大火煮去血水後，再以冷水沖洗乾淨。

04 將所有食材放入大砂鍋中，加入 3 公升的清水，大火煮滾後，轉小火煲 3 小時。

05 關火，加入少許鹽巴調味，即可享用。

赤小豆沙參玉竹粉葛煲鯽魚

魚煎過後，若是沒用水洗去表面的油，可在大火煮滾後，將表面的殘渣及浮油撈除，再轉小火煲煮。

赤小豆能夠利尿去水腫；沙參有養陰清熱的作用；玉竹有清腸的功能；粉葛富含蛋白質及纖維素，這道湯品適合夏天的時候飲用。

魚、菜類
FISH, VEGETABLE

① 赤小豆	37.5 公克
② 沙參	50 公克
③ 玉竹	50 公克
④ 粉葛	600 公克
⑤ 龍骨	300 公克
⑥ 鯽魚	2 條
⑦ 油	少許
⑧ 清水	3 公升

調味料 Seasoning

| ⑨ 鹽巴 | 少許 |

步驟 STEP BY STEP ——

01　赤小豆、沙參、玉竹及陳皮洗淨；粉葛去皮、洗淨，切成小塊。

02　鯽魚去鱗洗淨，熱鍋後，加入少許油，將魚的表面煎至金黃後，用熱水沖去魚身上的油。

03　龍骨用熱水以大火煮去血水後，再以冷水沖洗乾淨。

04　將所有食材放入大砂鍋內，加入 3 公升的清水，大火煮滾後，轉小火煲約 3 小時。

05　關火，加入少許鹽巴調味，即可享用。

羅漢果陳皮老薑煲生魚

羅漢果能潤喉；陳皮可以祛痰；老薑可去風。

生魚即鱧魚，有生肌、解毒功效，開刀或生病的人吃很適合。

魚、菜類
FISH, VEGETABLE

① 羅漢果 ……………………… 1 個
② 陳皮 ………………………… 2 片
③ 老薑 ………………………… 10 公克
④ 豬腱肉 ……………………… 300 公克
⑤ 鱷魚 ………………………… 1 條
⑥ 油 …………………………… 少許
⑦ 清水 ………………………… 3 公升

調味料 Seasoning

⑧ 鹽巴 ………………………… 少許

01 將羅漢果洗淨後切開成半；陳皮洗淨；老薑洗淨去皮。

02 豬腱肉用熱水以大火煮去血水後，再以冷水沖洗乾淨備用。

03 鱷魚去鱗洗淨，熱鍋後，加入少許油，將魚的表面煎至金黃後，用熱水沖去魚身上的油。

04 將所有食材放入大砂鍋內，加入 3 公升清水，大火煮滾後，轉小火煲約 2 小時。

05 關火，加入少許鹽巴調味，即可享用。

青木瓜老薑煲魚湯

這道湯品容易吸收，很適合成長中的小朋友喝。
　青瓜可幫助消化，調節生理機能，是良好的天然
食材。

魚、菜類
FISH, VEGETABLE

① 青木瓜 ……………………… 2 個
② 老薑 ……………………… 100 公克
③ 虱目魚 …… 1 大條（約 1.5kg）
④ 油 ……………………… 少許
⑤ 清水 ……………………… 3 公升

調味料 Seasoning

⑥ 鹽巴 ……………………… 少許

01 青木瓜去皮、去籽、洗淨，切成大塊；老薑洗淨去皮，備用。

02 虱目魚去鱗、去腸，洗淨後擦乾水分。

03 熱鍋後，加入少許油，將魚的表面煎至金黃後，用熱水沖去魚身上的油。

04 將所有食材放入大砂鍋內，加入 3 公升的清水，大火煮滾後，轉小火煲約 1 小時。

05 關火，加入少許鹽巴調味，即可享用。

准山杞子薏仁煲老鴿湯

這道湯可清熱，清腸胃。
燉湯宜選用肉鴿中老鴿，因肉較硬，燉久就爛了。

雞、鴨、鴿類
Chicken, duck,
pigeon

① 淮山 ⋯⋯⋯⋯⋯⋯ 15 公克
② 枸杞 ⋯⋯⋯⋯⋯⋯ 15 公克
③ 薏仁 ⋯⋯⋯⋯⋯⋯ 20 公克
④ 豬腱肉 ⋯⋯⋯⋯⋯ 300 公克
⑤ 老鴿 ⋯⋯⋯⋯⋯⋯ 2 隻
⑥ 老薑 ⋯⋯⋯⋯⋯⋯ 25 公克
⑦ 清水 ⋯⋯⋯⋯⋯⋯ 3 公升

調味料 Seasoning

⑧ 鹽巴 ⋯⋯⋯⋯⋯⋯ 少許

01　淮山、枸杞、薏仁洗淨，老薑洗淨去皮，備用。

02　豬腱肉、老鴿洗淨，用熱水以大火煮去血水後，再以冷水沖洗乾淨。

03　將所有食材放入大砂鍋內，加入 3 公升的清水，大火煮滾後，轉小火煲約 2 小時。

04　關火，加入少許鹽巴調味，即可享用。

陳皮冬瓜薏仁煲老鴨

這道湯有去溼去暑的功效，夏天喝很好。

冬瓜可清熱解毒。

燉湯須用超過 6、7 個月的老鴨，若用嫩鴨，煲的
時間一長肉就散了。

雞、鴨、鴿類
Chicken, duck,
pigeon

① 陳皮 .... 5 公克
② 帶皮冬瓜 600 公克
③ 薏仁 .... 80 公克
④ 老鴨 .... 1 隻
⑤ 豬腱肉 500 公克
⑥ 老薑 .... 25 公克
⑦ 清水 .... 3 公升

調味料 Seasoning

⑧ 鹽巴 .... 少許

01　帶皮冬瓜洗淨去籽；陳皮、薏仁洗淨；老薑洗淨去皮。

02　老鴨一開二，和豬腱肉一起用熱水以大火煮去血水後，再以冷水沖洗乾淨。

03　將所有食材放入大砂鍋內，加入 3 公升的清水，大火煮滾後，轉小火煲約 3 小時。

04　關火，加入少許鹽巴調味，即可享用。

玉米紅蘿蔔馬蹄煲老鴨

龍骨可請肉商幫忙剝開，切成和玉米差不多的大小。

① 新鮮玉米 .... 3 條
② 大紅蘿蔔 .... 2 條
③ 馬蹄 .... 10 粒
④ 老薑 .... 25 公克
⑤ 龍骨 .... 300 公克
⑥ 陳皮 .... 5 公克
⑦ 老鴨 .... 1 隻
⑧ 清水 .... 3 公升

調味料 Seasoning

⑨ 鹽巴 .... 少許

01　新鮮玉米整條洗淨，切成 3 塊；大紅蘿蔔去皮洗淨切塊；馬蹄帶皮洗淨拍開；老薑洗淨去皮備用。

02　龍骨、老鴨一開四，用熱水以大火煮去血水後，再以冷水沖洗乾淨。

03　將所有食材放入大砂鍋內，加入 3 公升的清水，大火煮滾後，轉小火煲約 3 小時。

04　關火，加入少許鹽巴調味，即可享用。

荔枝蓮子煲老鴨

這是一道適合夏天喝的煲湯，清熱去暑。

荔枝要去籽，因為籽吃了會很燥熱；蓮子則要去心，蓮子心苦難以入口。

雞、鴨、鴿類
Chicken, duck,
pigeon

① 鮮荔枝 .... 20 粒
② 鮮蓮子 .... 100 公克
③ 老薑 .... 25 公克
④ 豬腱肉 .... 300 公克
⑤ 老鴨 .... 1 隻
⑥ 清水 .... 3 公升

調味料 Seasoning

⑦ 鹽巴 .... 少許

01　鮮荔枝去皮去籽；鮮蓮子去心；老薑洗淨去皮。

02　豬腱肉、老鴨一開四，用熱水以大火煮去血水後，再以冷水
　　沖洗乾淨。

03　將所有食材放入大砂鍋內，加入 3 公升的清水，大火煮滾後，
　　轉小火煲約 3 小時。

04　關火，加入少許鹽巴調味，即可享用。

荷葉冬瓜薏仁煲老鴨

荷葉可清熱，這道湯適合夏天飲用。

① 乾荷葉 .... 1 張
② 帶皮冬瓜 .... 500 公克
③ 薏仁 .... 100 公克
④ 豬腱肉 .... 300 公克
⑤ 老鴨 .... 1 隻
⑥ 老薑 .... 50 公克
⑦ 清水 .... 3 公升

調味料 Seasoning

⑧ 鹽巴 .... 少許

01 乾荷葉洗淨；帶皮冬瓜去籽洗淨；薏仁洗淨；老薑洗淨去皮。

02 豬腱肉、老鴨一開四，用熱水以大火煮去血水後，再以冷水沖洗乾淨。

03 將所有食材放入大砂鍋內，加入 3 公升的清水，大火煮滾後，轉小火煲約 3 小時。

04 關火，加入少許鹽巴調味，即可享用。

雪耳椰子煲雞湯

這道湯有輕熱、潤喉的功效，適合夏天飲用。

乾椰子肉有香氣適合煮湯，生椰子肉會酸，較適合生吃。

用 3 公升的清水煲約 3 小時後，剩下的湯約為 4 人份。

雞、鴨、鴿類
Chicken, duck,
pigeon

① 水發木耳 ⋯⋯⋯⋯⋯ 120 公克
② 乾椰子肉 ⋯⋯⋯⋯⋯ 150 公克
③ 土雞 ⋯⋯⋯⋯⋯⋯⋯ 1 隻
④ 老薑 ⋯⋯⋯⋯⋯⋯⋯ 50 公克
⑤ 清水 ⋯⋯⋯⋯⋯⋯⋯ 3 公升

調味料 Seasoning

⑥ 鹽巴 ⋯⋯⋯⋯⋯⋯⋯ 少許

01 水發白木耳洗淨；乾椰子肉泡水洗淨；老薑洗淨去皮備用。

02 土雞洗淨，一開四，用熱水以大火煮去血水後，再以冷水沖洗乾淨。

03 將所有食材放入大砂鍋，加入 3 公升的清水，大火煮滾後，轉小火煲約 3 小時。

04 關火，加入少許鹽巴調味，即可享用。

水魚核桃煲土雞

鱉就是水魚，可滋陰；核桃可顧腎。

① 鱉 .... 1 隻
② 土雞 .... 1 隻
③ 生核桃 .... 100 公克
④ 老薑 .... 50 公克
⑤ 清水 .... 3 公升

調味料 Seasoning

⑥ 鹽巴 .... 少許

步驟 STEP BY STEP ➡

01 鱉用熱水川燙，去皮去肥油，剁成 8 塊。

02 土雞一開四塊，用熱水以大火煮去血水後，再以冷水沖洗乾淨。

03 生核桃洗淨、老薑洗淨去皮。

04 將所有食材放入大砂鍋，加入 3 公升的清水，大火煮滾後，轉小火煲約 3 小時。

05 關火，加入少許鹽巴調味，即可享用。

椰子玉米紅蘿蔔煲土雞

此為夏天喝的湯。

這道湯用了很多蔬菜，和雞肉一起搭配喝起來十分鮮甜。

雞、鴨、鴿類
Chicken, duck,
pigeon

① 乾椰子肉 ……………… 半個
② 玉米 ……………… 2 條
③ 紅蘿蔔 ……………… 2 條
④ 老薑 ……………… 50 公克
⑤ 土雞 ……………… 1 隻
⑥ 清水 ……………… 適量

調味料 Seasoning

⑦ 鹽巴 ……………… 少許

步驟 STEP BY STEP ——

01　乾椰子肉切片；老薑洗淨去皮；玉米切段洗淨；紅蘿蔔去皮
　　洗淨切段，備用。

02　土雞一開四，用熱水以大火煮去血水後，再以冷水沖洗乾淨。

03　將所有食材放入大砂鍋內，加入 3 公升的清水，大火煮滾後，
　　轉小火煲約 3 小時。

04　關火，加入少許鹽巴調味，即可享用。

九孔蛤蜊煲土雞

清洗的時候需將九孔的黏膜洗過再擦乾。這道湯品做法簡單，卻極富營養價值。

① 九孔 .... 300 公克
② 蛤蜊 .... 300 公克
③ 土雞 .... 1 隻
④ 老薑 .... 50 公克
⑤ 清水 .... 3 公升

調味料 Seasoning

⑥ 鹽巴 .... 少許

01　九孔用清水洗淨，擦拭乾淨，去內臟、去殼；蛤蜊浸泡鹽巴水，讓蛤蜊能吐盡沙與雜質；老薑洗淨去皮。

02　土雞一開四，用熱水以大火煮去血水後，再以冷水沖洗乾淨。

03　將所有食材放入大砂鍋內，加入 3 公升的清水，大火煮滾後，以小火煲約 2 小時。

04　關火，加入少許鹽巴調味，即可享用。

干貝響螺煲土雞

響螺即為角螺，是螺類中最好的，肉質鮮美，可滋陰顧腎。

干貝煲湯讓湯更加甜味。

雞、鴨、鴿類
Chicken, duck,
pigeon

① 干貝 ………………… 5 粒
② 新鮮響螺 ………… 300 公克
③ 土雞 ………………… 1 隻
④ 老薑 ………………… 50 公克
⑤ 清水 ………………… 3 公升

調味料 Seasoning

⑥ 鹽巴 ………………… 少許

步驟 STEP BY STEP

01 新鮮響螺連殼用熱水燙熟，取出肉清除內臟；干貝洗淨；老薑洗淨去皮。

02 土雞一開四，用熱水以大火煮去血水後，再以冷水沖洗乾淨。

03 將所有食材放入砂鍋內，加入 3 公升的清水，大火煮滾後，轉小火煲約 3 小時。

04 關火，加入少許鹽巴調味，即可享用。

椰子雪蛤煲雞湯

雪蛤乾須泡冷水約 20 ～ 30 分鐘，發好後即可去膜。

雞、鴨、鴿類
Chicken, duck,
pigeon

材料
INGREDIENTS

① 雪蛤乾	150 公克
② 乾椰子肉	150 公克
③ 豬腱肉	200 公克
④ 土雞	1 隻
⑤ 老薑	50 公克
⑥ 清水	3 公升

調味料 Seasoning

| ⑦ 鹽巴 | 少許 |

步驟
STEP BY STEP

01 雪蛤乾泡水去膜；乾椰子肉洗淨、切片；老薑洗淨去皮；豬腱肉切塊。

02 將土豬腱肉塊、雞全隻用熱水以大火煮去血水後，再以冷水沖洗乾淨。

03 把所有食材放入砂鍋，加入 3 公升的清水，大火煮滾後，轉小火煲約 3 小時。

04 關火，加入少許鹽巴調味，即可享用。

眉豆花生煲雞腳

這道湯有健脾養胃，對於去溼、消水腫、下肢循環都有幫助。

這道湯適合冬天喝，可補膠質及腳力。

雞、鴨、鴿類
Chicken, duck,
pigeon

① 眉豆 .... 100 公克
② 花生 .... 100 公克
③ 肋排骨 .... 300 公克
④ 雞腳 .... 20 隻
⑤ 老薑 .... 50 公克
⑥ 清水 .... 3 公升

調味料 Seasoning

⑦ 鹽巴 .... 少許

01 眉豆、花生、老薑洗淨備用。

02 肋排骨、雞腳用熱水以大火煮去血水後，再以冷水沖洗乾淨。

03 將所有食材放入大砂鍋內，加入 3 公升的清水，大火煮滾後，轉小火煲約 3 小時。

04 關火，加入少許鹽巴調味，即可享用。

青紅蘿蔔無花果煲牛腩

青、紅蘿蔔可以增加湯中蔬菜的美味。

無花果買乾的即可,新鮮的太貴。

先將纖維重的牛腩下鍋煮,肉才會夠爛,後放入老薑去腥味。

牛、豬類
COW, PIG

① 青蘿蔔	600 公克
② 紅蘿蔔	600 公克
③ 無花果	10 粒
④ 老薑	50 公克
⑤ 牛腩	1.2 公斤
⑥ 清水	3 公升

調味料 Seasoning

| ⑦ 鹽巴 | 少許 |

步驟 STEP BY STEP

01 青紅蘿蔔去皮、洗淨並切菱形；老薑洗淨去皮；無花果洗淨，備用。

02 牛腩洗淨，切約兩指寬、四指厚，用熱水以大火煮 5 分鐘，血水後，以冷水沖洗淨血水。

03 將牛腩、老薑放入大砂鍋內，加入 3 公升清水，煮滾後用中火煮約 60 分鐘。

04 加入青紅蘿蔔及無花果，大火煮滾後，轉小火煲兩個半小時。

05 關火，加入少許鹽巴調味，即可享用。

白胡椒煲豬肚心

這道湯有暖胃的功效，冬天喝很適合。
豬肚的黏膜用鹽巴去清洗，才能清洗乾淨。

牛、豬類
COW, PIG

① 白胡椒粒 .... 50 公克
② 老薑 .... 50 公克
③ 豬肚 .... 2 個
④ 豬心 .... 1 個
⑤ 豬骨 .... 600 公克
⑥ 清水 .... 3 公升

調味料 Seasoning

⑦ 鹽巴 .... 少許

01 白胡椒粒放在炒鍋內乾炒，炒至香味出來；老薑洗淨去皮備用。

02 豬肚用粗鹽巴擦洗；豬心切開去血管，豬骨剁成大塊。

03 將豬肚、豬心和豬骨，用熱水以大火煮 15 分鐘去血水，再以冷水沖洗乾淨。

04 將所有食材放入大砂鍋內，加入 3 公升的清水，大火煮滾後，轉小火煲約 3 小時。

05 關火，加入少許鹽巴調味，即可享用。

南北杏煲豬肺

這道湯可顧肺、清肺。

北杏打成汁讓湯變得很香，入湯煮能使湯汁變得濃稠。

清洗豬肺時，要小心不要弄破，切時要切大正方形，因為煮後會縮。

牛、豬類
COW, PiG

① 南杏	30 克
② 北杏	30 克
③ 老薑	50 克
④ 豬骨	600 克
⑤ 豬肺	1 個
⑥ 清水	3 公升

調味料 Seasoning

| ⑦ 鹽巴 | 少許 |

01 南北杏洗淨，用食物調理機加水打成汁；老薑洗淨；豬骨剁成塊。

02 用水管放入豬肺的喉管內，用清水反覆清洗；豬肺切成大正方形的塊狀。

03 將豬骨塊和豬肺塊用熱水以大火煮 15 分鐘去血水，再以冷水沖洗乾淨。

04 將所有食材放入大砂鍋內，加入 3 公升的清水，以大火煮滾後，轉小火煲 3 小時。

05 關火，加入少許鹽巴調味，即可享用。

髮菜花生眉豆煲元蹄

這道湯品痛風患者不能飲用。

鹹豬腳可添味，和豬蹄膀一起煲湯，風味絕佳。

牛、豬類
COW, PIG

① 生花生 .... 150 公克
② 眉豆 .... 150 公克
③ 髮菜 .... 75 公克
④ 老薑 .... 100 公克
⑤ 德國鹹豬腳 .... 1 個
⑥ 豬蹄膀 .... 1 個
⑦ 清水 .... 3 公升

調味料 Seasoning

⑧ 鹽巴 .... 少許

步驟 STEP BY STEP

01　生花生、眉豆、髮菜洗淨；老薑洗淨去皮備用。

02　德國鹹豬腳一開二，豬蹄膀一開二，用熱水以大火煮 15 分鐘
　　去血水，再以冷水沖洗乾淨。

03　將所有食材放入大砂鍋內，加入 3 公升的清水，大火煮滾後，
　　轉小火煲約 3 小時。

04　關火，加入少許鹽巴調味，即可享用。

白果腐皮薏仁煲豬肚

這道湯有暖胃、利尿的功效。
豬肚有黏膜，須用鹽巴反覆沖洗才能洗淨並去味。

牛、豬類
COW, PIG

① 生白果 .... 20 粒
② 腐皮 .... 3 張
③ 薏仁 .... 200 公克
④ 老薑 .... 100 公克
⑤ 龍骨 .... 1.2 公斤
⑥ 豬肚 .... 2 付
⑦ 清水 .... 3 公升

調味料 Seasoning

⑧ 鹽巴 .... 少許

01 生白果去殼；薏仁洗淨、腐皮泡軟；老薑洗淨去皮。

02 龍骨洗淨；豬肚用鹽巴搓洗。

03 用熱水將龍骨及豬肚，以大火煮約 10 分鐘，去血水與髒汙後，再以冷水沖洗乾淨。

04 將所有食材放入大砂鍋內，加入 3 公升的清水，大火煮滾後，轉小火煲 3 小時。

05 關火，加入少許鹽巴調味，即可享用。

霸王花花蜜棗煲龍骨

乾霸王花在迪化街可買到，有清腸去熱的功效。
蜜棗可增加湯的甜味。

牛、豬類
COW, PIG

① 乾霸王花 .... 300 公克
② 蜜棗 .... 10 粒
③ 老薑 .... 50 公克
④ 龍骨 .... 1200 公克
⑤ 清水 .... 3 公升

調味料 Seasoning

⑥ 鹽巴少許 ....

01 乾霸王花、蜜棗洗淨;老薑洗淨去皮。

02 龍骨剁成塊,用熱水以大火煮 10 分鐘去血水,再以冷水沖洗乾淨。

03 將所有食材放入大砂鍋內,加入 3 公升的清水,大火煮滾後,轉小火煲約 2 小時。

04 關火,加入少許鹽巴調味,即可享用。

冬瓜荷葉薏仁煲豬龍骨

這道湯適合夏天喝，可消暑、去熱、清腸胃。

牛、豬類
COW, PIG

① 帶皮冬瓜 .... 1.2 公斤
② 荷葉 .... 1 張
③ 薏仁 .... 150 公克
④ 老薑 .... 100 公克
⑤ 龍骨 .... 1.2 公斤
⑥ 清水 .... 3 公升

調味料 Seasoning

⑦ 鹽巴 .... 少許

步驟 STEP BY STEP

01 帶皮冬瓜切大塊、荷葉、薏仁洗淨；老薑洗淨去皮備用。（註：荷葉使用新鮮的或乾貨都可。）

02 龍骨剁成塊，用熱水以大火煮 10 分鐘去血水，再以冷水沖洗乾淨。

03 將所有材料放入大砂鍋內，加入 3 公升的清水，大火煮滾後，轉小火煲約 2 小時。

04 關火，加入少許鹽巴調味，即可享用。

蓮藕淡菜章魚煲龍骨

這道湯有清熱的功效，適合夏天喝。
加入章魚，能夠增添湯的香味。

① 蓮藕	600 公克
② 淡菜	150 公克
③ 章魚	150 公克
④ 龍骨	1.2 公斤
⑤ 老薑	100 公克
⑥ 花生	150 公克
⑦ 清水	3 公升

調味料 Seasoning

⑧ 鹽巴	少許

步驟 STEP BY STEP

01　蓮藕洗淨切大塊；淡菜、章魚、花生泡水洗淨；老薑洗淨去皮。

02　龍骨剁成塊，用熱水以大火煮 10 分鐘去血水，再以冷水沖洗乾淨。

03　將所有食材放入大砂鍋內，加入 3 公升的清水，大火煮滾後，轉小火煲約 2 小時。

04　關火，加入少許鹽巴調味，即可享用。

花生冬菇煲豬尾

這道湯冬天喝最好。

豬尾做湯也不肥膩且補腰椎，做為煲湯十分適合；
雞腳膠質多，吃了對身體好還可補腳力；豬尾的毛可
直接用火燒掉。

牛、豬類
COW, PIG

① 生花生 .... 255 公克

② 冬菇 .... 10 朵

③ 雞腳 .... 600 公克

④ 豬尾 .... 4 條

⑤ 龍骨 .... 600 公克

⑥ 老薑 .... 50 公克

⑦ 清水 .... 3 公升

調味料 Seasoning

⑧ 鹽巴 .... 少許

01　生花生、冬菇洗淨泡水，備用。

02　雞腳剁去腳指甲；豬尾去毛剁成 2 段；龍骨斬段，用熱水以大火煮 10 分鐘去血水，再以冷水沖洗乾淨。

03　將所有食材放入大砂鍋中，加入 3 公升的清水，大火煮滾後，轉小火煲約 3 小時。

04　關火，加入少許鹽巴調味，即可享用。

無花果陳皮煲豬腱

這道湯品適合夏天喝，青、紅蘿蔔皆有清熱的功效。

牛、豬類
COW, PIG

① 青蘿蔔 .... 600 公克
② 紅蘿蔔 .... 600 公克
③ 無花果 .... 10 粒
④ 老薑 .... 50 公克
⑤ 豬腱 .... 1.2 公斤
⑥ 陳皮 .... 少許
⑦ 清水 .... 3 公升

調味料 Seasoning

⑧ 鹽巴 .... 少許

01 青、紅蘿蔔洗淨、去皮並切菱形；無花果洗淨；老薑洗淨去皮；陳皮泡水備用。

02 豬腱肉用熱水以大火煮 10 分鐘去血水，再以冷水沖洗乾淨。

03 將所有食材放入大砂鍋中，加入 3 公升的清水，大火煮滾後，轉小火煲約 3 小時即可。

04 關火，加入少許鹽巴調味，即可享用。

西洋菜陳皮煲豬䐀湯

西洋菜即豆瓣菜，可清熱潤肺。

① 西洋菜 …………… 1.2 公斤
② 乾鴨腎 8 個
③ 陳皮 ……………………… 1 小片
④ 蜜棗 6 粒
⑤ 豬腱 800 公克
⑥ 老薑 50 公克
⑦ 清水 3 公升

調味料 Seasoning

⑧ 鹽巴 …………………………… 少許

01 西洋菜洗淨對切；蜜棗洗淨；乾鴨腎洗淨；陳皮泡水備用。

02 豬腱用熱水以大火煮 10 分鐘去血水，再以冷水沖洗乾淨。

03 將所有食材放入湯鍋內，加入 3 公升的清水，大火煮滾後，轉小火煲約 2 小時。

04 關火，加入少許鹽巴調味，即可享用。

苦瓜黃豆煲豬腳

苦瓜及黃豆有暖胃功效，胃寒者可吃。

食材切成大塊，才方便煲煮，食材爛了口感更佳。

黃豆因不易煲爛，須先泡水 1 小時；苦瓜因容易煮爛，所以後入湯鍋。

牛、豬類
COW, PIG

① 苦瓜 .... 2 條
② 黃豆 .... 300 公克
③ 老薑 .... 100 公克
④ 豬腳 .... 1.2 公斤
⑤ 清水 .... 3 公升

調味料 Seasoning

⑥ 鹽巴 .... 少許

步驟 STEP BY STEP

01 苦瓜洗淨，對開去籽且切成大塊；老薑洗淨去皮；黃豆泡水一小時備用。

02 豬腳洗淨，剁成大塊狀，用熱水煮約 10 分鐘去血水，再以冷水沖洗乾淨。

03 將豬腳、黃豆、老薑放入大砂鍋內，加入 3 公升的清水，大火煮滾後，轉小火煲約 2 小時。

04 加入苦瓜煮 1 小時。

05 關火，加入少許鹽巴調味，即可享用。

CHAPTER

04

滾・煮・燉湯類

滾 / 煮 / 燉類烹調手法

Boiling/Cooking/Stewing

滾湯、煮湯

一般家庭最常用到的便是煮湯了，因為方便且節省時間，我在這部分介紹了許多濃湯，有時候沒有胃口來碗羹，就有飽足感。煮湯和滾湯因為烹調時間短，有的湯甚至不過火烹煮，直接用沸水沖入，密封燜熟，因此材料不能夠切的太厚，纖維不能太重，掌握好火侯，美味的湯品 5 分鐘就能上桌。

燉湯

　　在書中的燉湯，均是隔水燉，和煲湯一樣將肉類燙除血水，連同輔料一起放入砂鍋中，用紙將口密封，再將砂鍋放入水鍋、蒸鍋或電鍋內，加蓋密封，以中火或小火長時間的燉煮。燉湯強調密封加熱，湯色清澈且香氣濃郁，充分吸收材料中的氣味。但要注意的是，因為隔水燉的方式讓食材比較慢熟，烹煮時間至少需要三小時，在烹煮的過程中，也要添足足夠的水，讓它產生水氣。

芥菜鹹蛋肉片湯

① 大芥菜 .... 600 公克
② 生鹹蛋 .... 2 個
③ 老薑 .... 2 片
④ 豬柳肉 .... 300 公克
⑤ 清水 .... 4 碗

醃料 Marinade

⑥ 太白粉 .... 少許
⑦ 醬油 .... 1 茶匙

⑧ 糖 .... 1/2 茶匙
⑨ 油 .... 少許

調味料 Seasoning

⑩ 鹽巴 .... 少許

01　大芥菜洗淨切塊；老薑洗淨切片，備用。

02　將生鹹蛋打入碗中，取出蛋黃及蛋白，不打散。

03　豬柳肉洗淨，切薄片，用太白粉、醬油、糖、油抓拌備用。

04　湯鍋加熱，放入少許油，加入薑片爆香。

05　加入大芥菜塊、清水約 4 飯碗，大火煮滾。

06　加入豬柳肉及鹹蛋黃，煮約 5 分鐘。

07　關火，加入少許鹽巴調味，即可享用。

TIPS　夏天可用生芥菜，冬天則用大芥菜。

絲瓜豬肉丸湯

① 澎湖絲瓜 .... 1 條
② 薑 3 片
③ 豬絞肉 300 公克
④ 油 a .... 適量
⑤ 清水 4 碗

醃料 Marinade

⑥ 太白粉 .... 少許

⑦ 鹽巴 a .... 適量
⑧ 糖 適量
⑨ 油 b .... 適量

調味料 Seasoning

⑩ 鹽巴 b .... 少許

01　澎湖絲瓜去皮後洗淨，切菱形；薑切片備用。

02　豬絞肉和太白粉、鹽巴 a、糖、油 b，抓拌備用。

03　湯鍋加熱，放入油 a，加入薑片爆香。

04　加入 4 碗清水煮滾後，放入絲瓜。

05　將豬肉擠成肉丸放入鍋中滾約 5 分鐘。

06　關火，加入少許鹽巴 b 調味，即可享用。

番茄滾牛肉湯

① 大番茄 .... 4 個
② 牛肉片 .... 150 公克
③ 薑 .... 2 片
④ 蔥 .... 8 段
⑤ 油 .... 少許
⑥ 雞湯或清水 .... 4 碗

醃料 Marinade

⑦ 太白粉 .... 少許

⑧ 糖 .... 少許
⑨ 醬油 .... 少許

調味料 Seasoning

⑩ 鹽巴 .... 少許

01 番茄洗淨，一開四塊；薑切片；蔥洗淨切段，備用。

02 牛肉片洗淨，加入醬油、糖、太白粉抓拌備用。

03 湯鍋加熱，放入油，加入薑片爆香。

04 加入蔥段、番茄塊，翻炒至有香味

05 加入 4 碗清水或雞湯，煮滾約 10 分鐘後，加入牛肉片滾 3 分鐘。

06 關火，加入少許鹽巴調味，即可享用。

TIPS

※ 若是夏天胃口不好時，可以煮這道湯來喝，開胃又營養。
※ 牛肉最後放是怕煮太久會老。

金菇蛋花牛肉湯

① 金菇 .... 150 公克
② 雞蛋 .... 2 粒
③ 老薑 .... 2 片
④ 去骨牛小排 .... 255 公克
⑤ 油 .... 少許
⑥ 清水 a .... 4 碗

醃料 Marinade

⑦ 太白粉 .... 1 茶匙
⑧ 醬油 .... 1/2 茶匙
⑨ 清水 b .... 2 湯匙

調味料 Seasoning

⑩ 鹽巴 .... 少許

01　金菇切去尾巴，洗淨切成 3 段；雞蛋打成蛋液；老薑洗淨切片備用。

02　去骨牛小排切成薄片，用太白粉、醬油、清水 b，醃約 15 分鐘。

03　湯鍋加熱，放入少許油，加入薑片爆香。

04　加入 4 碗清水 a 煮滾後，放入金菇與牛肉片滾 5 分鐘。

05　加入蛋液、少許鹽巴調味，即可享用。

馬鈴薯洋蔥去骨牛小排肉片湯

材料 INGREDIENTS

① 馬鈴薯	4 個
② 洋蔥	2 個
③ 牛肉	450 公克
④ 老薑	2 片
⑤ 清水	4 碗
⑥ 油 a	少許

醃料 Marinade

⑦ 太白粉	少許
⑧ 油 b	少許

調味料 Seasoning

⑨ 鹽巴	少許

步驟 STEP BY STEP

01　馬鈴薯去皮洗淨，切菱形片；洋蔥對切後再切絲備用；老薑洗淨切片。

02　去骨牛小排切長條薄片，用太白粉、油 b 抓拌備用。

03　湯鍋加熱，放入少許油 a，加入薑片爆香。

04　加入洋蔥絲、馬鈴薯片爆炒，加入 4 碗清水滾約 30 分鐘。

05　放入牛肉片後，煮至滾，關火。

06　加入少許鹽巴調味，即可享用。

TIPS　　　用步驟 2 醃過，牛肉才會更滑嫩。

菠菜滾牛肉球

材料 INGREDIENTS

① 菠菜		600 公克
② 薑		3 片
③ 碎牛肉		300 公克
④ 清水		4 碗
⑤ 油		少許

醃料 Marinade

⑥ 太白粉	少許

⑦ 醬油		1 茶匙
⑧ 麻油		1/2 茶匙

調味料 Seasoning

⑨ 鹽巴	少許

步驟 STEP BY STEP

01　菠菜洗淨切段；薑切片備用。

02　碎牛肉加入少許清水，用手打至黏稠，再加入太白粉，醬油、麻油抓拌備用。

03　湯鍋或炒鍋加熱後，放入少許油，加入薑片煎至金黃後，加入 4 碗的清水以大火煮滾。

04　將牛肉放在手掌中，從虎口捏出牛肉丸，放入水中滾約 3 分鐘，再加入菠菜。

05　湯滾後，加入少許鹽巴調味，即可享用。

馬蹄牛肉羹

材料 INGREDIENTS

① 馬蹄 .... 5 粒
② 碎牛肉 .... 8 公克
③ 雞湯或清水 .... 4 碗
④ 芡粉水 .... 適量

醃料 Marinade

⑤ 太白粉 .... 少許

⑥ 鹽巴 a .... 少許
⑦ 糖 .... 適量

調味料 Seasoning

⑧ 鹽巴 b .... 少許
⑨ 蛋白 .... 3 個

步驟 STEP BY STEP

01　馬蹄去皮洗淨，用菜刀拍碎；蛋白 3 個翻打備用。

02　碎牛肉加入少許清水，用手攪拌後，再入太白粉、鹽巴 a、糖抓醃備用。

03　將 4 碗雞湯或清水加入湯鍋內後，再放入馬蹄將湯煮滾。

04　放入碎牛肉，依序攪拌加入芡粉水及蛋白與鹽巴 b，即可享用。

TIPS

※ 這道湯適合夏天飲用，可開胃。.
※ 蛋白最後加入使湯呈雪花狀，十分漂亮，入口也滑順。

絲瓜木耳薑絲蛤蜊沙蝦湯

① 絲瓜 .... 1 條
② 乾木耳 .... 10 公克
③ 薑 .... 5 公克
④ 蛤蜊 .... 600 公克
⑤ 沙蝦 .... 600 公克
⑥ 油 .... 少許
⑦ 清水 .... 4 碗

調味料 Seasoning

⑧ 鹽巴 .... 少許

01 薑切絲；絲瓜去皮切菱形；乾木耳用溫水浸泡，待泡發好後，洗淨備用。

02 沙蝦剪頭去腳；蛤蜊浸泡鹽巴水，讓蛤蜊能吐盡沙與雜質。

03 湯鍋加熱後，少許油，加入薑絲爆香，再入 4 湯碗清水煮滾，加入所有材料滾 10 分鐘。

04 關火，加入少許鹽巴調味，即可享用。

豆腐老薑魚頭湯

① 板豆腐 .... 100 克
② 老薑 .... 10 克
③ 鰱魚頭 .... 1 個
④ 蔥 .... 少許
⑤ 米酒 .... 少許
⑥ 油 .... 少許
⑦ 米酒 .... 少許
⑧ 清水 .... 6 碗

調味料 Seasoning

⑨ 鹽巴 .... 少許

01 板豆腐洗淨切塊；老薑洗淨切片；蔥洗淨切段。

02 鰱魚頭洗淨，切成 2 段。

03 熱炒鍋加入少許油將薑片爆香，鰱魚頭煎至金黃色。

04 加入少許米酒與板豆腐塊、蔥段，再加入 6 飯碗清水，小火煮滾後 30 分鐘。

05 關火，加入少許鹽巴調味，即可享用。

大湯黃魚

①	黃魚	2 條
②	老鹹菜	40 公克
③	豆腐	1 盒
④	老薑	10 公克
⑤	蔥	10 公克
⑥	油	少許
⑦	清水	2 公升

調味料 Seasoning

⑧	鹽巴	少許

01 黃魚去鱗，去腸洗淨取肉切塊；老薑洗淨切片；蔥洗淨切段；老鹹菜洗淨；豆腐切塊備用。

02 黃魚頭骨用少許油煎至金黃色，放入湯鍋內加入 2 公升的清水，老鹹菜、薑片、蔥段同煮後 30 分鐘，用濾網去魚渣留湯。

03 放入豆腐塊煮 15 分鐘，再加入魚肉塊煮 5 分鐘。

04 關火，加入少許鹽巴調味，即可享用。

TIPS

這是一道上海菜，黃魚現在已有人工養殖，但最好是買野生的黃魚。黃魚買回來之後，一定要將肚內的黑膜去除乾淨，否則會有腥味。

香菜皮蛋魚片湯

① 香菜	250 公克
② 皮蛋	2 粒
③ 草魚肉	300 公克
④ 薑	5 片
⑤ 油	少許
⑥ 滾水	4 碗

調味料 Seasoning

| ⑦ 鹽巴 | 少許 |

01　香菜去頭洗淨切段；薑切成絲；皮蛋去殼，切成八小塊。

02　草魚肉洗淨擦乾，切成薄片，放入薑絲，加入少許油拌好備用。

03　準備一個大湯碗，將香菜放入底部，再放入皮蛋，最後將魚片、薑絲放入碗內平均放置，加入 4 碗滾水，用瓷盆蓋上五分鐘。

04　加入少許鹽巴調味，即可享用。

TIPS

⁂ 草魚肉用油拌好使它不會黏，吃起來口感更佳。

⁂ 這道湯品很特別，不用火烹煮而是用滾水沖入再加蓋燜熟，喝起來別有風味。

蘿蔔絲鯽魚湯

① 白蘿蔔 ………………………… 1 條
② 老薑 …………………………… 50 公克
③ 大鯽魚 ………………………… 2 條
④ 陳皮 …………………………… 1 小塊
⑤ 油 …………………………… 少許
⑥ 清水 …………………………… 2 公升

調味料 Seasoning

⑦ 鹽巴 …………………………… 少許

01 白蘿蔔洗淨切粗絲；老薑洗淨切片；陳皮洗淨備用。

02 大鯽魚洗淨，熱鍋後，加入少許油，將魚的表面煎至金黃後，用熱水沖去魚身上的油。

03 將所有食材放入鍋內，加滿 2 公升清水以中火煮約 40 分鐘。

04 關火，加入少許鹽巴調味，即可享用。

TIPS　　　這是一道上海菜式的湯品，可消氣排氣，口感非常鮮美。

鮮蟹肉冬茸

① 鮮蟹肉 .... 300 公克
② 老薑 .... 3 片
③ 冬瓜 .... 2 公斤
④ 油 .... 少許
⑤ 勾芡水 .... 適量
⑥ 雞湯或清水 .... 4 碗

調味料 Seasoning

⑦ 鹽巴 .... 少許

01 老薑洗淨切片；冬瓜去皮洗淨切片，蒸 30 分鐘取出壓爛，備用。

02 湯鍋加熱後放入少許油，加入薑片爆香。

03 加入冬瓜，再加入 4 碗清水或雞湯，煮至滾。

04 放入鮮蟹肉後，再以勾芡水勾芡。

05 關火，加入少許鹽巴調味，即可享用。

TIPS   這是一道非常可口的湯羹。蟹肉最好是買整隻螃蟹回家，自行拆肉。

冬菇紅棗燉土雞湯

① 紅棗	10 粒
② 冬菇	10 粒
③ 土雞	1 隻
④ 老薑	5 公克
⑤ 清水	2 公升

調味料 Seasoning

| ⑥ 鹽巴 | 少許 |

01　紅棗洗淨去籽；冬菇、老薑洗淨備用。

02　土雞用熱水以大火煮去血水後，再以冷水沖洗乾淨。

03　將所有食材放入燉盅內，加 2 公升清水蓋過食材，燉約 3 小時。

04　最後，加入少許鹽巴調味，即可享用。

TIPS　這道湯有暖胃的功效，一年四季喝皆可。

花旗參干貝燉雞

① 花旗參 .... 70 公克
② 干貝 .... 3 粒
③ 土雞 .... 1 隻
④ 清水 .... 2 公升

調味料 Seasoning

⑤ 鹽巴 .... 少許

01　花旗參、干貝洗淨備用；土雞一開四，用熱水以大火煮去血水後，再以冷水沖洗乾淨。

02　將所有食材放入燉盅，加 2 公升的水蓋過食材，隔水燉 3 小時。

03　最後，加入少許鹽巴調味，即可享用。

TIPS

〻 這道湯品可清熱，適合夏天喝。
〻 干貝可增添湯的甜味。

淮山杞子燉豬心

① 淮山 ┈┈┈┈┈┈┈┈┈┈ 20 公克
② 杞子 ┈┈┈┈┈┈┈┈┈┈ 10 公克
③ 老薑 ┈┈┈┈┈┈┈┈┈┈ 2 片
④ 豬心 ┈┈┈┈┈┈┈┈┈┈ 2 個
⑤ 豬腱 ┈┈┈┈┈┈┈┈┈┈ 600 公克
⑥ 清水 ┈┈┈┈┈┈┈┈┈┈ 2 公升

調味料 Seasoning

⑦ 鹽巴 ┈┈┈┈┈┈┈┈┈┈ 少許

01　淮山、杞子洗淨；老薑洗淨切片，備用。

02　豬腱一開四；豬心切一半或一開四洗淨，用熱水以大火煮去血水後，再以冷水沖洗乾淨。

03　將所有材料放入燉盅，加 2 公升的清水至蓋過食材，隔水燉約 3 小時。

04　上桌前關火，加入少許鹽巴調味，即可享用。

雪梨羅漢果燉豬腱

① 雪梨 .... 4 個
② 羅漢果 .... 半個
③ 桂圓肉 .... 少許
④ 老薑 .... 2 片
⑤ 豬腱肉 .... 600 公克
⑥ 清水 .... 2 公升

調味料 Seasoning

⑦ 鹽巴 .... 少許

步驟 STEP BY STEP

01 雪梨去皮,開邊去籽後切成塊;羅漢果、桂圓肉洗淨;老薑洗淨切片,備用。

02 豬腱肉用熱水煮 10 分鐘去血水,再用冷水沖洗乾淨。

03 將所有食材放入大燉盅內,加入 2 公升的清水至蓋過食材,隔水燉 3 小時。

04 關火,加入少許鹽巴調味,即可享用。

TIPS

※ 這道湯品可潤肺、潤喉,適合秋天喝。

※ 羅漢果可清熱潤喉,加上桂圓肉更添甜味。

玉米甘蔗馬蹄燉豬腱

① 玉米 .... 2 條
② 紅蘿蔔 .... 1 條
③ 青甘蔗 .... 約 2 條
④ 馬蹄 .... 10 粒
⑤ 老薑 .... 50 公克
⑥ 豬腱肉 .... 600 公克
⑦ 清水 .... 2 公升

調味料 Seasoning

⑧ 鹽巴 .... 少許

步驟 STEP BY STEP

01   玉米洗淨切段；紅蘿蔔洗淨切菱形；青甘蔗分別切成四段；馬蹄拍爛；
      老薑洗淨去皮。（註：青甘蔗切的長度和玉米等長即可。）

02   豬腱肉用熱水煮約 15 分鐘去血水，再以冷水沖洗乾淨。

03   將所有食材放入大燉盅內，加入 2 公升清水至蓋過食材，隔水燉 3
      小時。

04   關火，加入少許鹽巴調味，即可享用。

TIPS   這道湯品可清熱且開胃，適合夏天飲用。

老黃瓜燉豬腱

① 黃色老黃瓜 .... 1.2 公斤
② 老薑 .... 50 公克
③ 豬腱肉 .... 800 公克
④ 清水 .... 2 公升

調味料 Seasoning

⑤ 鹽巴 .... 少許

01 黃色老黃瓜洗淨，帶皮切段；老薑洗淨，去皮後切絲。

02 豬腱肉洗淨，用熱水煮約 5 分鐘去血水，再以冷水沖洗乾淨。

03 將所有食材放入大燉盅內，加入 2 公升的清水蓋過食材，隔水燉 3 小時。

04 關火，加入少許鹽巴調味，即可享用。

TIPS

▧ 黃色老黃瓜呈金黃色，清熱解暑、健胃祛濕。
▧ 這道湯品可清熱祛暑，適合夏天飲用。

陳皮燉牛筋腱

① 陳皮 .... 1 大片
② 老薑 .... 50 公克
③ 牛筋 .... 600 公克
④ 牛腱 .... 600 公克
⑤ 清水 .... 2 公升

調味料 Seasoning

⑥ 鹽巴 .... 少許

步驟 STEP BY STEP

01 陳皮、老薑洗淨後備用。

02 牛筋、牛腱洗淨，用熱水煮約 10 分鐘去血水，再以冷水沖洗乾淨。

03 將所有食材放入大燉盅內，加入 2 公升的清水至蓋過食材，隔水燉約 3 小時。

04 關火，加入少許鹽巴調味，即可享用。

TIPS

這道湯品十分清香，喝起來不會膩。

陳皮可化痰；老薑則可祛風；牛筋富含膠質。

黨參紅棗燉牛腱

① 黨參 .... 75 公克
② 薑 .... 2 片
③ 紅棗 .... 16 粒
④ 牛腱 .... 2 個
⑤ 清水 .... 2 公升

調味料 Seasoning

⑥ 鹽巴 .... 少許

步驟 STEP BY STEP

01　黨參、紅棗去籽；薑洗淨切片備用。

02　牛腱一開四，用熱水煮約 15 分鐘去血水，再以冷水沖洗乾淨。

03　將所有食材放入大燉盅內，加入 2 公升的清水蓋過食材，隔水燉 3 小時。

04　關火，加入少許鹽巴調味，即可享用。

TIPS

※ 黨參被譽作窮人的人參，價格便宜，可益氣生津，並可增加大腦記憶力。

※ 這道湯品可補血補氣。

桂圓紅棗燉鵪鶉

①	紅棗	15 粒
②	桂圓肉	20 公克
③	老薑	25 公克
④	鵪鶉	3 隻
⑤	龍骨	300 公克
⑥	清水	2 公升

調味料 Seasoning

⑦	鹽巴	少許

步驟 STEP BY STEP

01　紅棗去籽；桂圓肉洗淨；老薑洗淨去皮切片，備用。

02　龍骨切段；將龍骨和鵪鶉用熱水以大火煮去血水後，再以冷水沖洗乾淨。

03　將所有材料放入大燉盅內，加 2 公升的清水蓋至食材上，隔水燉約 3 小時。

04　關火，加入少許鹽巴調味，即可享用。

TIPS　紅棗可補血、桂圓可添味、鵪鶉性溫，這道湯品健康又美味。

響螺干貝燉老鴿

① 響螺	15 隻
② 干貝	4 粒
③ 老薑	5 公克
④ 老鴿	2 隻
⑤ 豬腱肉	300 公克
⑥ 清水	2 公升

調味料 Seasoning

| ⑦ 鹽巴 | 少許 |

步驟 STEP BY STEP

01　響螺用熱水川燙至熟，取肉、取內臟；干貝洗淨；老薑去皮洗淨。

02　老鴿、豬腱肉用熱水以大火煮去血水後，再以冷水沖洗乾淨。

03　將所有食材放入大燉盅內，加入 2 公升的清水蓋過食材，隔水燉 3
　　小時。

04　關火，加入少許鹽巴調味，即可享用。

TIPS　　響螺有滋陰的功效，干貝則是增添湯的鮮美，配上膽固醇低的鴿
子，兼具美味與健康。

花旗參杞子燉老鴿

①	花旗參	15 公克
②	老鴿	2 隻
③	豬腱肉	500 公克
④	枸杞	10 公克
⑤	老薑	10 公克
⑥	清水	2 公升

調味料 Seasoning

⑦	鹽巴	少許

步驟 STEP BY STEP

01　花旗參、枸杞、洗淨；老薑去皮洗淨。

02　豬腱肉、老鴿洗淨，用熱水以大火煮去血水後，再以冷水沖洗乾淨。

03　將所有食材放入大燉盅內，加入 2 公升的清水蓋過食材，隔水燉約 3 小時取出。

04　關火，加入少許鹽巴調味，即可享用。

TIPS

※ 西洋參即花旗參，性涼祛熱，不是補身的人參。

※ 枸杞可增味；老薑則能去肉的腥味。

西洋參燉河鰻

① 西洋參⋯⋯⋯⋯⋯⋯⋯37.5 公克
② 薑⋯⋯⋯⋯⋯⋯⋯⋯⋯5 公克
③ 河鰻⋯⋯⋯⋯⋯⋯⋯⋯1 條
④ 豬腱肉⋯⋯⋯⋯⋯⋯300 公克
⑤ 清水⋯⋯⋯⋯⋯⋯⋯⋯2 公升

調味料 Seasoning

⑥ 鹽巴⋯⋯⋯⋯⋯⋯⋯⋯少許

步驟 STEP BY STEP

01 西洋參洗淨；薑切片，備用；河鰻以熱水川燙後用冷水洗淨，去腸切段。

02 豬腱肉用熱水以大火煮去血水後，再以冷水沖洗乾淨。

03 將所有食材放入大燉盅內，用 2 公升的清水蓋過食材，隔水燉約 3 小時。

04 關火，加入少許鹽巴調味，即可享用。

TIPS 這道湯品可補腰力，四季皆可飲用。

天麻川芎燉鯉魚頭

① 天麻 ⋯⋯⋯⋯⋯⋯⋯⋯⋯ 60 公克
② 川芎 ⋯⋯⋯⋯⋯⋯⋯⋯⋯ 20 公克
③ 鰱魚頭 ⋯⋯⋯⋯⋯⋯⋯⋯ 1 個
④ 老薑 ⋯⋯⋯⋯⋯⋯⋯⋯⋯ 25 公克
⑤ 豬腱肉 ⋯⋯⋯⋯⋯⋯⋯ 300 公克
⑥ 清水 ⋯⋯⋯⋯⋯⋯⋯⋯⋯ 2 公升

調味料 Seasoning

⑦ 鹽巴 ⋯⋯⋯⋯⋯⋯⋯⋯⋯ 少許

步驟 STEP BY STEP

01 天麻、川芎洗淨；老薑去皮洗淨備用。

02 鰱魚頭去鱗，洗淨後從中切半。

03 豬腱肉用熱水以大火煮去血水後，再以冷水沖洗乾淨。

04 將所有食材放入大砂鍋內，加入清水 2 公升以大火煮滾後轉小火，隔水燉 3 小時。

05 關火，加入少許鹽巴調味，即可享用。

TIPS

⁞ 天麻可袪頭風；川芎有活血袪瘀的功能。

⁞ 只有鰱魚頭燉煮湯的香氣仍不夠，還須添加豬腱肉的肉味，吃起來才更美味。

黨參北菇紅棗燉生魚

材料 INGREDIENTS

① 黨參 ⋯⋯⋯⋯⋯⋯⋯⋯⋯⋯ 30 公克
② 北菇 ⋯⋯⋯⋯⋯⋯⋯⋯⋯⋯ 10 朵
③ 紅棗 ⋯⋯⋯⋯⋯⋯⋯⋯⋯⋯ 10 粒
④ 豬腱肉 ⋯⋯⋯⋯⋯⋯⋯⋯ 300 公克
⑤ 生魚 ⋯⋯⋯⋯⋯⋯⋯⋯⋯⋯ 1 條
⑥ 清水 ⋯⋯⋯⋯⋯⋯⋯⋯⋯⋯ 2 公升

調味料 Seasoning

⑦ 鹽巴 ⋯⋯⋯⋯⋯⋯⋯⋯⋯⋯ 少許

步驟 STEP BY STEP

01　黨參、北菇、紅棗去籽洗淨。

02　豬腱肉用熱水以大火煮去血水後，再以冷水沖洗乾淨，備用。

03　生魚去鱗洗淨，熱鍋後，加入少許油，將魚的表面煎至金黃後，用熱水沖去魚身上的油。

04　將所有食材放入大燉盅內，加入 2 公升的清水蓋過食材，隔水燉 3 小時。

05　關火，加入少許鹽巴調味，即可享用。

TIPS　這道湯品可生肌、補氣、補血，冬天喝可補體力。

合桃花膠燉水魚

① 水發花膠 ⋯⋯⋯⋯⋯ 300 公克
② 生核桃 ⋯⋯⋯⋯⋯⋯ 20 公克
③ 水魚 ⋯⋯⋯⋯⋯⋯⋯ 1 隻
④ 豬腱肉 ⋯⋯⋯⋯⋯⋯ 300 公克
⑤ 老薑 ⋯⋯⋯⋯⋯⋯⋯ 30 公克
⑥ 青蔥 ⋯⋯⋯⋯⋯⋯⋯ 5 公克
⑦ 清水 ⋯⋯⋯⋯⋯⋯⋯ 2 公升

調味料 Seasoning

⑧ 鹽巴 ⋯⋯⋯⋯⋯⋯⋯ 少許

01　生核桃洗淨；老薑去皮洗淨；青蔥洗淨切段；水發花膠洗淨備用。

02　豬腱肉洗淨切塊；水魚用熱水川燙去皮，切開成 4 大塊，用熱水清洗水魚後再將肥油修剪。

03　水魚塊與豬腱肉用熱水以大火煮去血水後，再以冷水沖洗乾淨，備用。

04　將所有食材放入大燉盅內，加入 2 公升的清水蓋過食材，隔水燉 3 小時。

05　加入花膠燉半小時，關火，加入少許鹽巴調味，即可享用。

TIPS

※ 水發花膠即乾魚肚。

※ 生核桃可顧腎；鱉即水魚，可滋陰，吃起來味道像雞肉。

五味八珍的餐桌 品牌故事

60 年前，傅培梅老師在電視上，示範著一道道的美食，引領著全台的家庭主婦們，第二天就能在自己家的餐桌上，端出能滿足全家人味蕾的一餐，可以說是那個時代，很多人對「家」的記憶，對自己「母親味道」的記憶。

程安琪老師，傳承了母親對烹飪教學的熱忱，年近 70 的她，仍然為滿足學生們對照顧家人胃口與讓小孩吃得好的心願，幾乎每天都忙於教學，跟大家分享她的烹飪心得與技巧。

安琪老師認為：烹飪技巧與味道，在烹飪上同樣重要，加上現代人生活忙碌，能花在廚房裡的時間不是很穩定與充分，為了能幫助每個人，都能在短時間端出同時具備美味與健康的食物，從 2020 年起，安琪老師開始投入研發冷凍食品。

也由於現在冷凍科技的發達，能將食物的營養、口感完全保存起來，而且在不用添加任何化學元素情況下，即可將食物保存長達一年，都不會有任何質變，「急速冷凍」可以說是最理想的食物保存方式。

在歷經兩年的時間裡，我們陸續推出了可以用來做菜，也可以簡單拌麵的「鮮拌醬料包」、同時也推出幾種「成菜」，解凍後簡單加熱就可以上桌食用。

我們也嘗試挑選一些熟悉的老店，跟老闆溝通理念，並跟他們一起將一些有特色的菜，製成冷凍食品，方便大家在家裡即可吃到「名店名菜」。

傳遞美味、選材惟好、注重健康，是我們進入食品產業的初心，也是我們的信念。

冷凍醬料做美食

程安琪老師研發的冷凍調理包，讓您在家也能輕鬆做出營養美味的料理。

省調味 × 超方便 × 輕鬆煮 × 多樣化 × 營養好

冷凍醬料的
5 大優點

選用國產天麴豬，符合潔淨標章認證要求，我們在材料和製程方面皆嚴格把關，保證提供令大眾安心的食品。

三友官網

五味八珍的
餐桌官網

五味八珍的
餐桌 FB

程安琪
鮮拌味 FB

程安琪入廚
40 年 FB

五味八珍的
餐桌 LINE @

聯繫客服　　電話：02-23771163　　傳真：02-23771213

程安琪

冷凍醬料調理包　　　　　冷凍家常菜

香菇蕃茄紹子

歷經數小時小火慢熬蕃茄，搭配香菇、洋蔥、豬絞肉，最後拌炒獨家私房蘿蔔乾，堆疊出層層的香氣，讓每一口都衝擊著味蕾。

雪菜肉末

台菜不能少的雪裡紅拌炒豬絞肉，全雞熬煮的雞湯是精華更是秘訣所在，經典又道地的清爽口感，叫人嘗過後欲罷不能。

一品金華雞湯

使用金華火腿（台灣）、豬骨、雞骨熬煮八小時打底的豐富膠質湯頭，再用豬腳、土雞燜燉2小時，並加入干貝提升料理的鮮甜與層次。

麻辣紹子

麻與辣的結合，香辣過癮又銷魂，採用頂級大紅袍花椒，搭配多種獨家秘製辣椒配方，雙重美味、一次滿足。

北方炸醬

堅持傳承好味道，鹹甜濃郁的醬香，口口紮實、色澤鮮亮、香氣十足，多種料理皆可加入拌炒，迴盪在舌尖上的味蕾，留香久久。

靠福・烤麩

一道素食者可食的家常菜，木耳號稱血管清道夫，花菇為菌中之王，綠竹筍含有豐富的纖維質。此菜為一道冷菜，亦可微溫食用。

3種快速解凍法

想吃熱騰騰的餐點，就是這麼簡單

1. 回鍋解凍法
將醬料倒入鍋中，用小火加熱至香氣溢出即可。

2. 熱水加熱法
將冷凍調理包放入熱水中，約2～3分鐘即可解凍。

3. 常溫解凍法
將冷凍調理包放入常溫水中，約5～6分鐘即可解凍。

私房菜

純手工製作，交期較久，如有需要請聯繫客服
02-23771163

程家大肉

紅燒獅子頭

頂級干貝XO醬

早粥午飯晚煲湯

書　　　名	早粥午飯晚煲湯
作　　　者	劉冠麟
主　　　編	譽緻國際美學企業社‧莊旻嬑
美　　　編	譽緻國際美學企業社
封 面 設 計	潘大智

發 行 人　程顯灝
總 編 輯　盧美娜
發 行 部　侯莉莉
財 務 部　許麗娟
印　　務　許丁財
法 律 顧 問　樸泰國際法律事務所許家華律師

藝 文 空 間　三友藝文複合空間
地　　　址　106 台北市安和路 2 段 213 號 9 樓
電　　　話　（02）2377-1163

出 版 者　橘子文化事業有限公司
總 代 理　三友圖書有限公司
地　　　址　106 台北市安和路 2 段 213 號 9 樓
電　　　話　（02）2377-4155
傳　　　真　（02）2377-4355
E - m a i l　service @sanyau.com.tw
郵 政 劃 撥　05844889 三友圖書有限公司

總 經 銷　大和書報圖書股份有限公司
地　　　址　新北市新莊區五工五路 2 號
電　　　話　（02）8990-2588
傳　　　真　（02）2299-7900

初 版　2022 年 01 月
定 價　新臺幣 480 元
ISBN　978-986-364-187-2（平裝）
◎版權所有‧翻印必究
◎書若有破損缺頁請寄回本社更換

國家圖書館出版品預行編目（CIP）資料

早粥午飯晚煲湯/劉冠麟作. -- 初版. -- 臺北市：橘
子文化事業有限公司, 2022.01
　　面；　公分
　　ISBN 978-986-364-187-2(平裝)

1.飯粥 2.湯 3.食譜

427.35　　　　　　　　　　　110021492